21世纪高等学校计算机规划教材

21st Century University Planned Textbooks of Computer Science

# Visual Basic
# 程序设计教程

## Visual Basic Programming

郭琳 高世健 主编

李向阳 主审

郑晓健 副主编

刘芬 张厚华 王云泽 参编

高校系列

人民邮电出版社

北 京

图书在版编目（CIP）数据

Visual Basic程序设计教程 / 郭琳，高世健主编
. -- 北京：人民邮电出版社，2013.2
21世纪高等学校计算机规划教材
ISBN 978-7-115-30622-7

Ⅰ. ①V… Ⅱ. ①郭… ②高… Ⅲ. ①
BASIC语言－程序设计－高等学校－教材 Ⅳ. ①TP312

中国版本图书馆CIP数据核字(2013)第011247号

## 内 容 提 要

　　本书尝试将 CDIO 的教育理念引入 Visual Basic 的教学当中，在提高学生学习兴趣的基础上加强程序设计能力的培养。全书共 9 章，第 1 章至第 5 章是基础篇，介绍 VB 的语法基础、3 种程序设计的基础结构、数组、函数过程等知识。第 6 章至第 9 章是提高篇，进一步介绍 VB 的常用控件和事件、界面设计的技巧、文件操作及数据库访问技术等。书中各章配有实训题目，旨在提高读者解决实际问题的能力。

　　本书内容丰富，可作为高等院校计算机专业基础课程的教材，亦可作为非计算机专业公共课程的教材或作为初学者的自学用书。

21 世纪高等学校计算机规划教材

**Visual Basic 程序设计教程**

◆ 主　　编　郭　琳　高世健
　　主　　审　李向阳
　　责任编辑　王　威
　　执行编辑　范博涛

◆ 人民邮电出版社出版发行　　北京市崇文区夕照寺街 14 号
　　邮编　100061　　电子邮件　315@ptpress.com.cn
　　网址　http://www.ptpress.com.cn
　　北京隆昌伟业印刷有限公司印刷

◆ 开本：787×1092　1/16
　　印张：14.75　　　　　　　　2013 年 2 月第 1 版
　　字数：371 千字　　　　　　2013 年 2 月北京第 1 次印刷

ISBN 978-7-115-30622-7

定价：30.80 元

读者服务热线：(010)67170985　印装质量热线：(010)67129223
反盗版热线：(010)67171154

# 21 世纪高等学校计算机规划教材

## 编 委 会

# 出版者的话

计算机应用能力已经成为社会各行业最重要的工作要求之一，而计算机教材质量的好坏会直接影响人才素质的培养。目前，计算机教材出版市场百花争艳，品种急剧增多，要从林林总总的教材中挑选一本适合课程设置要求、满足教学实际需要的教材，难度越来越大。

人民邮电出版社作为一家以计算机、通信、电子信息类图书与教材出版为主的科技教育类出版社，在计算机教材领域已经出版了多套计算机系列教材。在各套系列教材中涌现出了一批被广大一线授课教师选用、深受广大师生好评的优秀教材。老师们希望我社能有更多的优秀教材集中地呈现在老师和读者面前，为此我社组织了这套"21世纪高等学校计算机规划教材"。

"21世纪高等学校计算机规划教材"具有下列特点。

（1）前期调研充分，适合实际教学需要。本套教材主要面向普通本科院校的学生编写，在内容深度、系统结构、案例选择、编写方法等方面进行了深入细致的调研，目的是在教材编写之前充分了解实际教学的需要。

（2）编写目标明确，读者对象针对性强。每一本教材在编写之前都明确了该教材的读者对象和适用范围，即明确面向的读者是计算机专业、非计算机理工类专业还是文科类专业的学生，尽量符合目前普通高等教学计算机课程的教学计划、教学大纲以及发展趋势。

（3）精选作者，保证质量。本套教材的作者，既有来自院校的一线授课老师，也有来自IT企业、科研机构等单位的资深技术人员。通过他们的合作使老师丰富的实际教学经验与技术人员丰富的实践工程经验相融合，为广大师生编写出适合目前教学实际需求、满足学校新时期人才培养模式的高质量教材。

（4）一纲多本，适应面宽。在本套教材中，我们根据目前教学的实际情况，做到"一纲多本"，即根据院校已学课程和后续课程的不同开设情况，为同一科目提供不同类型的教材。

（5）突出能力培养，适应人才市场要求。本套教材贴近市场对于计算机人才的能力要求，注重理论技术与实际应用的结合，注重实际操作和实践动手能力的培养，为学生快速适应企业实际需求做好准备。

（6）配套服务完善，共促提高。对于每一本教材，我们在教材出版的同时，都将提供完备的PPT课件，并根据需要提供书中的源程序代码、习题答案、教学大纲等内容，部分教材还将在作者的配合下，提供疑难解答、教学交流等服务。

在本套教材的策划组织过程中，我们获得了来自清华大学、北京大学、人民大学、浙江大学、吉林大学、武汉大学、哈尔滨工业大学、东南大学、四川大学、上海交通大学、西安交通大学、电子科技大学、西安电子科技大学、北京邮电大学、北京林业大学等院校老师的大力支持和帮助，同时获得了来自信息产业部电信研究院、联想、华为、中兴、同方、爱立信、摩托罗拉等企业和科研单位的领导和技术人员的积极配合。在此，人民邮电出版社向他们表示衷心的感谢。

我们相信，"21世纪高等学校计算机规划教材"一定能够为我国高等院校计算机课程教学做出应有的贡献。同时，对于工作欠缺和不妥之处，欢迎老师和读者提出宝贵的意见和建议。

# 前言

1991 年，微软公司推出 Visual Basic 1.0，将 BASIC 语言扩展为历史上第一个"可视"的编程软件。这被认为是软件开发史上具有划时代意义的重大事件。当时许多程序员惊异于它强大的可视化功能，它竟然可以用鼠标"画"出所需的用户界面，然后用简单的 BASIC 语言编写业务逻辑，就能生成一个完整的应用程序，这犹如一道闪电划开了软件开发全新的历史。随后几年，微软陆续推出 Visual Basic 2.0、3.0、4.0、5.0、6.0 等版本，增加了数据库组件、COM 组件等重要功能，使得 Visual Basic 6.0 成为成熟稳定的开发系统。尽管进入 21 世纪以来，微软公司还不断推出了 Visual Basic.NET、Visual Basic 2005、Visual Basic 2008、Visual Basic 2010 等版本，但 Visual Basic 6.0 以其快速开发的特点仍然成为当前最流行的 Visual Basic 版本。

在当前的计算机程序设计教学中，无论是计算机专业的学生，还是非计算机专业的学生，都普遍认为程序设计语言艰涩难懂，枯燥难学。笔者认为原因一方面在于学习程序设计语言者绝大部分都处于大学的低年级阶段，学习方法还处于高中时被动学习的落后阶段；另一方面他们习惯于中学时代的思维方式，对过程式的程序设计思维方式很难理解。因此，使学生较快入门，用轻松愉快的学习方式就能开发出界面生动活泼，有趣、实用的小软件，是我们追求的目标。Visual Basic 6.0 就具备了这样的特质。BASIC 是初学者通用符号指令码的缩写，与其他高级语言相比，它确实简单易学，而可视化（Visual）又使它能轻松画出友好的界面，使程序设计课不再是学习枯燥的代码。

我们选定了合适的教学平台，还必须有与之相应的教育理念，才能编写出可以激发学习兴趣，提高学生主动学习精神，受学习者欢迎的教材。本书尝试将 CDIO 工程教育理念引入 Visual Basic 的教学中，让学生在自主学习中不断提炼适合于自己的学习方法。将 CDIO 所代表的构思（Conceive）、设计（Design）、实现（Implement）和运作（Operate）融合到 Visual Basic 课程中，它以从产品研发到产品运行的生命周期为载体，让学生以主动的、实践的、课程之间有机联系的方式学习工程。

本书按照 CDIO 的理念编写，主要分为两个部分，第一部分是基础篇（第 1 章至第 5 章）主要介绍 Visual Basic 的特点、语法基础、3 种基本控制结构、数组以及过程函数等基础知识。第二部分是提高篇（第 6 章至第 9 章）着重讲解 Visual Basic 的常用控件与事件、界面设计的方法、文件的操作方法以及数据库访问技术等。除了第 1 章之外，其余各章的结尾都有一个实验项目。项目选取了与本章知识点密切相关的题目，旨在提高学生综合运用知识解决实际问题的能力，以期实现 CDIO 教育的理念。

本书每章可以通过以下几个步骤完成学习。

（1）通过提出问题和分析问题，让学生了解本章学习的知识点，提高学习的兴趣，并引发思考。

（2）讲解相关知识点，使学生熟悉相关内容，并提升程序设计的能力。

（3）对每章的知识及结构进行小结，使学生建立知识的结构框架。

（4）完成课后的相关习题，进一步巩固学习的知识。

（5）完成实验项目，培养学生的逻辑思维，提高其解决实际问题的能力。

本书由郭琳和高世健任主编，负责全书的统稿，郑晓健任副主编。具体编写分工为：第 1 章由郑晓健编写，第 2 章、第 3 章由郭琳编写，第 4 章、第 6 章由刘芬编写，第 5 章、第 7 章由高世健编写，第 8 章由王云泽编写，第 9 章由张厚华编写。李向阳担任主审。

张怀宁和方娇莉在本书的组织与编写工作中给予了大力的支持，并提出了许多建设性的意见与建议，在此一并致以诚挚的感谢与崇高的敬意。

由于编者水平有限，书中不足之处在所难免，敬请读者批评指正。

编 者

2012 年 11 月

# 目录

# 第1章
# Visual Basic 程序设计入门

Visual Basic（以下简称 VB）是由微软公司开发的运行于 Windows 操作系统上的一种计算机程序设计语言，也曾是世界上使用人数最多的程序设计语言。它源自 BASIC 编程语言，具有简单易学、功能强大、开发费用低、见效快等特点，很适合初学者学习和使用。VB 具有的功能强大、界面友好的集成化开发环境和组件式开发事件的驱动方式，使编程者可以轻松而快速地建立应用程序。据统计，初学者从开始学习到上手编程的平均花费时间不超过 2 周。

1991 年微软公司推出 Visual Basic 1.0 版，将计算机编程语言和用户界面设计结合在一起，引发了软件开发史上一场具有划时代意义的革命。尽管现在看来，VB1.0 的功能有些稚嫩，不能和 VB6.0、VB.NET 等相比。但在当时它是采用"可视化"方法进行程序开发的先驱，吸引了大批程序员在 VB 平台上进行软件创作，极大地促进了软件事业的发展。随后的 4 年中，微软又不失时机地接连推出后续版本 VB2.0、VB3.0、VB 4.0。并且从 VB3.0 开始，微软将 ACCESS 数据库集成进来，这使得 VB 的数据库编程能力大大提高。从 VB4.0 开始，VB 也引入了面向对象的程序设计思想。2002 年开始，微软将 .NET Framework 与 Visual Basic 结合而成为 Visual Basic.NET（VB.NET），又增加了许多新特性。由于 VB 的使用者众多，微软公司至今仍在不断推出新版本。

通过多年的发展，VB 已成为一种专业化的开发语言和环境。用户可用 VB 快速创建基于 Windows 操作系统的各种实时控制程序，也可以编写适合企业信息管理的具有强大功能的数据库应用程序，如用友财务的早期版本就是用 VB 开发的。用微软自己的话说 Visual Basic 所做的很多事情一点也不简单。它是一种强大的语言，即您所能想到的编程任务，它基本都能完成。当然要想成为大师还需要学很多的东西，但只要学会了 Visual Basic 的基础知识，创造力就将迅速得到充分的发挥。

## 1.1　建立第一个 VB 应用程序

本节通过一个简单的程序来介绍 VB 应用程序的组成、设计步骤及程序调试。

### 1.1.1　提出问题，解决问题

例 1-1 设计一个应用程序，显示 4 件古瓷器的图片。在窗体上放置 1 个图片框和 5 个命令按钮。程序基本操作要求是：当程序启动后，打开如图 1-1 所示的程序界面，用户可以随意单击 4 个不同的命令按钮，程序立刻在左部图片框中显示与之对应的古瓷器的图片，单击标有"退出"

的命令按钮时，程序运行结束。

程序的开发步骤如下。

（1）准备图片文件。将 4 张古瓷器的图片保存为图片文件（如：古瓷 1.jpg，古瓷 2.jpg 等）放到某个确定的目录下，如 D：\古瓷器\。

（2）启动 VB 6.0 并创建一个新工程。启动 VB6.0，屏幕上显示如图 1-2 所示的"新建工程"对话框，其中列出 VB6.0 可以创建的所有工程类型。在"新建（new）"选项卡中选择"标准 EXE（Standard EXE）"项，单击"打开"按钮，VB6.0 就创建了一个名为"工程 1（New Project1）"的新工程，同时进入 VB6.0 的集成开发环境主界面，还自动产生一个名为 Form1 的窗体。

图 1-1　古瓷器展示程序运行界面

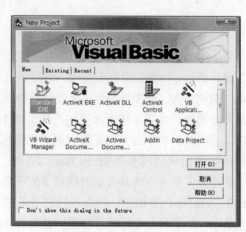

图 1-2　"新建工程"对话框

（3）创建应用程序界面。单击工具箱中的图片框控件，将鼠标移动到窗体 Form1 中合适的位置，按住鼠标左键并拖曳鼠标至合适大小，即可画出图片框控件对象，采用同样方法在窗体上画出 5 个命令按钮。

（4）设置对象属性值。窗体上的各控件对象包括窗体本身都可以为其设置属性值，以改变其外观、名称以及其他特性，控件对象的大部分属性可以在属性窗口设置或修改。只要单击需设置属性的对象，或在属性窗口的对象列表中选中控件对象名称，在属性窗口的左侧属性项选中要设置的属性，在右侧属性值部分选择或输入属性值即可。表 1-1 列出了本例中控件对象属性设置。

表 1-1　　　　　　　　　　　例 1-1 的控件对象属性设置

| 控件对象 | 属性 | 属性值 | 说明 |
| --- | --- | --- | --- |
| Form1 | Caption | 古瓷器展示 | 窗体的标题内容 |
| Command1 | Caption | 牡丹纹梅瓶 | 命令按钮的标题内容 |
| Command2 | Caption | 将军罐 | 命令按钮的标题内容 |
| Command3 | Caption | 高脚杯 | 命令按钮的标题内容 |
| Command4 | Caption | 瓷枕 | 命令按钮的标题内容 |
| Command5 | Caption | 退出 | 命令按钮的标题内容 |

（5）对象事件过程的编程。用户界面中对象属性设置完成后，就可以为其编写事件处理代码。这里设计者要考虑用控件对象的什么事件来激活所需的操作，本例要求用单击命令按钮来完成操作。首先选中一个按钮，如"牡丹纹梅瓶"按钮，双击该按钮，VB6.0 马上打开代码编辑窗口，

确认窗口右顶端的事件组合框中选择了 Click 事件名，如图 1-3 所示，此时 VB6.0 会在代码编辑窗中自动产生以下代码：

```
Private Sub Command1_Click()
End Sub
```

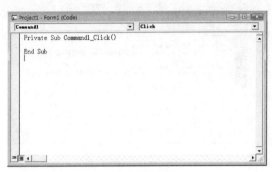

图 1-3　代码编辑窗口

这就是 VB6.0 为"牡丹纹梅瓶"按钮生成的事件过程的程序框架，其中 Command1_Click() 为此事件过程的过程名，关于事件过程后述章节将会详细介绍。在上述两条语句之间输入代码：

```
Picture1.Picture = LoadPicture("D:\古瓷器\古瓷 1.jpg")
```

上述语句中 D:\古瓷器\古瓷 1.jpg 为该按钮所对应的图片的存放路径，采取同样方法将其他 3 个按钮也完成编程。对于"退出"按钮的 Click 事件进行如下编程：

```
Private Sub Command5_Click()
End
End Sub
```

最后，整个程序的代码为：

```
Private Sub Command1_Click()
    Picture1.Picture = LoadPicture("D:\古瓷器\古瓷 1.jpg")
End Sub
Private Sub Command2_Click()
    Picture1.Picture = LoadPicture("D:\古瓷器\古瓷 2.jpg")
End Sub
Private Sub Command3_Click()
    Picture1.Picture = LoadPicture("D:\古瓷器\古瓷 3.jpg")
End Sub
Private Sub Command4_Click()
    Picture1.Picture = LoadPicture("D:\古瓷器\古瓷 4.jpg")
End Sub
Private Sub Command5_Click()
End
End Sub
```

（6）程序运行与调试。以上过程完成后，就可以利用工具栏上的"启动"按钮或者 F5 键，或者菜单栏中"运行（Run）"菜单项的"启动（Start）"命令来运行程序，如图 1-4 所示。这时 VB 会检查程序中是否有语法错误，编译程序，如果没有错误就会执行程序。如果有错误，则会显示错误提示信息，设计者应学会充分利用 VB 给出的提示信息去排除错误。

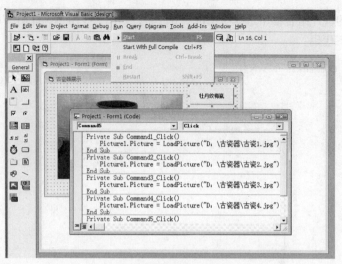

图 1-4　程序运行与调试

（7）程序正确运行后，设计者可以尝试单击各个按钮，检查程序是否按要求执行，如果有错误，可以停止程序执行，回到前面相应步骤去检查错误和排除错误。

（8）保存工程。设计完成或未完成的程序都可以保存到磁盘中，一般运行程序前可以先保存程序，以避免调试程序过程中出现死机而引起程序丢失，如果可能最好每做一些修改后就保存一次程序。工程包含多种文件，但至少应该保存工程文件（.vbp）和窗体文件（.frm）。过程文件是保存工程的所有文件和对象的清单，是程序的核心。窗体文件保存窗体及对象的属性和程序代码。每个窗体有一个窗体文件。

单击工具栏上的"保存工程"按钮，可以保存窗体文件和工程文件。新建的工程在第一次保存文件时会依次出现"文件另存为"和"工程另存为"对话框，分别保存窗体和工程文件，如图 1-5 和图 1-6 所示。

图 1-5　文件另存为

图 1-6　工程另存为

可以在两个对话框中选择要保存的路径和目录，本例将程序的所有文件都保存在"D：\古瓷器\"目录下面。

到此，整个程序工作就完成了。当设计者要再次修改或运行该程序时，可以在目录中双击工程文件名，该程序就会被调入。

## 1.1.2　VB 应用程序的设计步骤

与一般工业产品的开发一样，开发 VB 应用程序也要通过若干步骤来完成，与例 1-1 设计程序步骤相似，VB 应用程序设计步骤概括如下。

（1）**新建工程**。创建一个应用程序首先要为其创建一个新的工程，以便管理所有文件。

（2）**创建应用程序界面**。应用程序为了方便用户的使用要有操作界面，该任务由窗体对象简称窗体承担，它是创建应用程序的基础。用户程序会包含若干窗体。设计者可以用工具箱中的各种控件，按照用户要求在窗体上摆放和调整控件对象来进行界面设计。

（3）**设置对象属性值**。这一步骤就是进一步改变或调整控件对象的外观和行为属性。我们可通过属性窗口和程序代码两种方式设置对象属性。

（4）**对象事件过程的编程**。打开代码窗口为用户要求的控件对象编写相关事件处理代码，以上过程需要反复多次。

（5）**程序运行与调试**。测试所编写的程序，直到运行结果正确，用户满意为止。

（6）**保存工程**。完成全面工作后，程序保存只存储在内存中，最好将它保存到磁盘上便于以后可以再次使用。

另外，VB 还可以生成可执行文件和制作安装包。VB 可执行文件使程序采用编译方式执行，执行速度有一定提高。制作的安装包也可以让程序脱离 VB 开发环境单独运行。

## 1.1.3　VB 应用程序的调试

程序中存在错误是难免的，要排除错误就要查找错误和调试程序。程序错误按出现错误的阶段分为：编辑错误、编译错误、运行错误和逻辑错误。

### 1. 编辑错误

用户在代码编辑窗口输入代码时，VB 会对输入的代码进行初步的语法检查。当发现错误时会弹出错误信息对话框，如图 1-7 所示，其中会提示程序错误信息的具体内容。根据提示信息改正出错语句，按"确定"按钮可以关闭对话框。如果安装了 MSDN，按"帮助"按钮可以获得VB 提供的帮助信息。

### 2. 编译错误

单击"启动"按钮，VB 开始对程序进行编译，没有错误程序才会运行。编译就是产生程序的可执行代码，如果发生错误就产生了编译错误。系统会弹出错误信息对话框，如图 1-8 所示，出错部分将被高亮显示，同时停止编译。

图 1-7　编辑错误出错信息对话框示例　　图 1-8　编译错误出错信息对话框示例

### 3. 运行错误

程序通过编译并运行后，还会发生错误，如执行了非法操作（除数为 0），这时就发生了运行错误。错误发生时会弹出运行错误提示对话框，如图 1-9 所示，单击"调试"按钮，将进入中断模式，光标停在程序出错行上等候设计者修改。

### 4. 逻辑错误

程序可以顺利运行，但结果不对，这时程序发生了逻辑错误。设计者要回到程序中仔细检查程序逻辑，并排除错误。一般逻辑错误是较难发现和改正的。VB 提供了设置断点和逐条语句跟踪的方法，还有调试窗口来帮助查找错误。图 1-10 所示为设置断点和逐条语句跟踪的方法的示例。设置断点，逐条语句跟踪的排错方法很有用，建议 VB 初学者要学会。

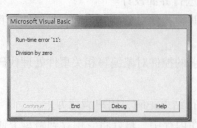
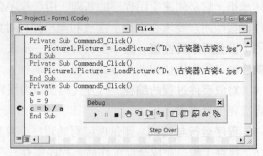

图 1-9　运行错误出错信息对话框示例　　　图 1-10　设置断点和逐条语句跟踪的方法示例

# 1.2　Visual Basic 6.0 概述

## 1.2.1　Visual Basic 6.0 功能特点

VB 之所以受到编程者的青睐主要因为它具有以下特点。

### 1. 可视化的集成开发环境

VB 为编程者提供了一个功能完善的集成开发环境，在这个环境中编程者可设计程序界面、编写程序代码，运行、调试程序直至把应用程序编译成可在 Windows 中运行的可执行文件，甚至生成安装程序，方便地安装到其他机器上去运行。总之，VB 集成的开发环境为编程者提供了开发应用程序所需要的绝大多数功能。

"Visual" 意指可视化，而 "Basic" 即 BASIC 语言。VB 具有可视化的图形用户界面（GUI）开发方法。早期用 C、BASIC 等语言编写程序时，程序员要为用户编写大量实现界面操作的程序，使用 VB 编写程序后，此项工作在 VB 的集成开发环境中以轻松地、交互设计方式进行，大大减轻了程序员的负担。另外，VB 提供了大量功能强大的函数，专业人员可以利用它们去实现功能很复杂的系统。

### 2. 面向对象的程序设计

面向对象技术促进了 VB 的图形化操作界面技术的发展，它与传统程序控制方式有很大差别。狭义上讲，VB 中的所谓"对象"就是可操作的组件（控件）实体，如窗体、按钮、文本框、滚动条等。每个对象能响应多个事件，如鼠标单击、双击、拖动等，对于每个事件可以为其设置一段驱动代码（事件过程）来完成对象对该事件的处理，这就是对象的事件驱动。例如，用户单击一个按钮，则触发按钮的 Click（单击）事件，该事件过程中的代码即被执行，完成设计者安排好的任务。若用户未进行任何操作（未触发事件），则程序将处于等待状态。整个应用程序就是由一些彼此独立的事件过程构成，因此，可以这样说，用 VB 编写应用程序，就是为各个对象编写事件过程。

### 3. 结构化的程序设计

在吸取面向对象的思想精髓的同时，VB 仍然保留了传统结构化程序设计技术的特点。拥有模块化控制、丰富的数据类型、众多的内部函数、子程序、事件子程序和自定义函数等，各个子程序模块之间可以彼此独立又相互联系，语法符合结构化程序设计的要求。

### 4. 数据库访问功能

VB 利用数据控件可以访问多种数据库。如 VB 6.0 提供的 ADO 控件，不但可以用最少的代码实现数据库操作和控制，也可以取代 Data 控件和 RDO 控件。VB 程序可以轻松地访问 Access、SQL Server 等不同规模的数据库。

### 5. 良好的可扩充性

VB 是一种高度可扩充的语言，除自身强大的功能外，还为用户扩充其功能提供了各种途径，主要体现在以下 3 方面。

（1）支持第三方软件商为其开发的可视化控制对象。它除自带许多功能强大、实用的可视化控件以外，还支持第三方软件商为扩充其功能而开发的可视化控件，这些可视化控件对应的文件扩展名为 ocx。可以将控件的 ocx 文件加入到 VB 系统中，从而增强 VB 的编程能力。

（2）支持访问动态链接库（Dyrnamic Link Library，DLL）。VB 提供了访问动态链接库的功能。Visual C++等其他语言实现的保存在动态链接库中的库文件可以方便地供 VB 调用。

（3）支持访问应用程序接口（API）。应用程序接口（Application Program Interface，API）是 Windows 环境中可供任何 Windows 应用程序访问和调用的一组函数集合。在微软的 Windows 操作系统中，包含了 1000 多个功能强大、经过严格测试的 API 函数，供程序开发人员编程时直接调用。Visual Basic 提供了访问和调用这些 API 函数的能力，充分利用这些 API 函数，可大大增强 VB 程序的功能，并可实现一些用 VB 语言本身不能实现的特殊功能。

另外，VB 还具有动态数据库、对象链接与嵌入、联机帮助等实用的功能，在此就不一一详述了。

## 1.2.2　Visual Basic 6.0 集成开发环境

前面提到的所谓集成化开发环境（Integrated Development Environment，IDE）是为程序员提供的，集设计、运行和调试程序等功能于一体的应用程序开发软件包。Visual Basic 6.0 的 IDE 包含了开发应用程序过程用到的所有功能。下面对其各个组成部分进行简要介绍。

启动 Visual Basic 6.0 进入工程设计状态后，即打开集成开发环境（IDE），如图 1-11 所示。

Visual Basic 6.0 的集成开发环境由标题栏、菜单栏、工具栏、工具箱、窗体设计窗口、代码窗口、工程窗口、属性窗口、窗体布局窗口和立即窗口（一般刚启动时见不到立即窗口，不过可以通过视图菜单中对应的命令打开它）等组成。

### 1. 标题栏

标题栏显示窗口标题及工作模式。工作模式即工作状态，标题栏随时显示当前 VB 所处的工作模式。使用者特别是初学者必须随时了解当前 VB 集成开发环境所处的工作模式，因为工作模式决定了当前能做的事情。工作模式有以下 3 种。

（1）设计模式：创建应用程序的大多数工作都是在设计模式下完成。此时使用者可以设计窗体、绘制控件、编写或修改代码，并使用属性窗口来设置或查看属性值。

（2）运行模式：程序正在运行状态，使用者可通过运行程序的操作界面与应用程序交流。可查看代码，但不能改动它。

（3）中断模式：程序在运行的中途被暂停执行。此时使用者可查看当前各变量及属性的值，从而判断程序执行是否正常，为排除程序错误做准备。

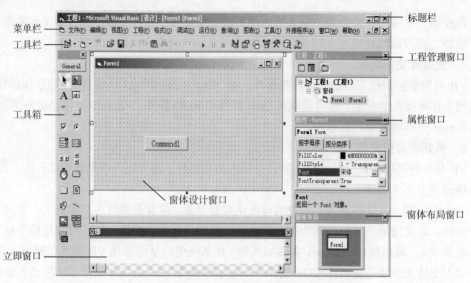

图 1-11　Visual Basic 6.0 的集成开发环境

### 2．菜单栏

菜单栏以级联菜单列表的形式列出了集成开发环境中可以使用的所有功能。

【文件】用于建立和处理文件。该菜单包括工程管理、保存文件、加入文件、打印文件及退出系统等命令。

【编辑】包含一般文本的各种编辑功能，如剪切、复制和粘贴等。

【视图】用于切换 VB 窗口的视图格式，便于用户使用集成开发环境，包括显示和隐藏集成开发环境的各种特征，以及操作构成用户应用程序的各种对象和控件。

【工程】用于管理当前工程。主要包括在工程中添加和删除各种工程组件，显示当前工程的结构和内容等信息。

【格式】主要用于编排窗体上可视控件的格式，包括自动排齐、对格线排齐等。

【调试】用于调试程序，包括设置断点、监视器、步进等。

【运行】用于在集成开发环境中运行程序。包括运行、编译后运行、中断、结束运行和重新开始等命令。

【查询】用于与数据库有关的查询操作。

【图表】用于完成与图表有关的操作。

【工具】用于添加菜单或各种工具栏，如过程控制、菜单设计器、工程和环境等。

【外接程序】和 VB 协调工作的内置工具选择菜单。如，可加入数据库管理器、报表设计器等工具与 VB 协调工作。

【窗口】用于调整各种类型的 VB 子窗口在主窗口的排列方式。

【帮助】用于启动 Visual Basic 的联机帮助系统。

### 3．工具栏

工具栏用于摆放最常用命令，这些命令以图标按钮的方式呈现给使用者，是菜单栏中命令的快捷启动方式。

### 4．工具箱

VB 用户界面的左边是工具箱，如图 1-12 所示。工具箱中提供 VB 的标准控件，它们是构造

Windows 应用程序用户界面的图形化工具。在设计时，通过将这些控件添加到窗体中，即可轻松创建 Windows 风格的应用程序用户界面。系统启动后缺省的 General 工具箱就会出现在屏幕左边，共有 21 个常用控件。

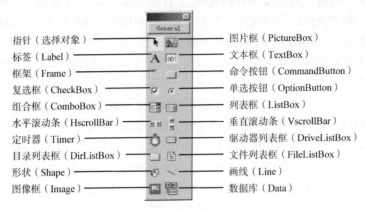

指针（选择对象）　　　　　　　　　　　图片框（PictureBox）
标签（Label）　　　　　　　　　　　　文本框（TextBox）
框架（Frame）　　　　　　　　　　　　命令按钮（CommandButton）
复选框（CheckBox）　　　　　　　　　单选按钮（OptionButton）
组合框（ComboBox）　　　　　　　　　列表框（ListBox）
水平滚动条（HscrollBar）　　　　　　　垂直滚动条（VscrollBar）
定时器（Timer）　　　　　　　　　　　驱动器列表框（DriveListBox）
目录列表框（DirListBox）　　　　　　　文件列表框（FileListBox）
形状（Shape）　　　　　　　　　　　　画线（Line）
图像框（Image）　　　　　　　　　　　数据库（Data）

图 1-12　VB 工具箱中常用的控件类型

### 5．窗体设计窗口

窗体设计窗口是用于设计应用程序界面的窗口，如图 1-13 所示。在窗口中，可以添加控件、图形和图像等来创建各种应用程序的窗体界面。应用程序的每个窗体都拥有自己的窗体设计窗口。在启动 VB 后，该窗口就会出现在集成开发环境的中央。如果环境中没有出现该窗口，则可以通过执行视图菜单中的对象窗口命令来打开。窗体设计窗口中的窗体就像一块画布，用户可在其中添加控件、图片以及菜单等组件，从而完成用户界面的设计。

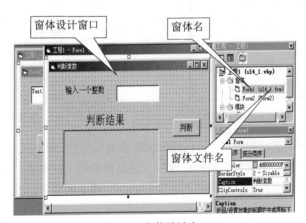

图 1-13　窗体设计窗口

窗体的上方是标题栏，系统初始化后默认的窗体称为"Form1"，其中带网格点的窗体称为窗体设计器。一个应用程序可以有一个窗体，也可以有多个窗体。

### 6．属性窗口

Visual Basic 6.0 中，窗体及窗体上的每个控件都用不同的属性描述。属性是指窗体和控件等对象的特征，如大小、标题、颜色、位置等。每个对象的属性可以通过属性窗口中的属性项设置，也可以在程序代码中进行设置。执行视图菜单中的属性窗口命令或单击工具栏中的属性窗口按钮均可打开属性窗口。在属性列表中设置了窗体或控件的属性后，在窗体窗口中即可看到效果。每个控件都有一组缺省值或称默认值。属性窗口如图 1-14 所示。

对象框显示当前的对象名，并附上所属的控件类。对象框右边有一个下拉按钮，单击该按钮，Visual Basic 6.0 在其下拉列表中列出本窗体上所有控件名称及所属类。

属性列表框是属性窗口的主体。属性列表框上有两个选项卡，一个是按字母顺序排列的属性，另一个是按逻辑（如与外观、字体或位置有关）分类排列属性。属性较多，可以用滚动条进行翻页查看。用户可根据习惯选用"按字母序"选项卡或"按分类序"选项卡，属性设置结果是相同的。属性列表框中左栏显示所选对象的全部属性，右栏是可编辑和查看的属性设置值。

### 7. 代码窗口

在设计模式中，通过双击窗体或窗体上任何控件对象，就能进入代码窗口并可看到 VB 程序代码。用户可以修改，输入程序代码，这也是整个程序设计的关键。

应用程序的每个窗体或代码模块都有各自的代码窗口。标题栏上显示工程和窗体的名称，可以看出该代码窗口属于哪个工程的哪个窗体。在 VB 启动后，代码窗口并不出现在界面中，只有在编写程序代码时，才会使用到代码窗口，可以通过双击窗体或窗体上的控件或者执行视图菜单中的代码窗口命令，也可以单击工程资源管理器中的查看代码按钮打开它。

### 8. 工程管理窗口

工程管理窗口也称工程资源管理器窗口（Project Explorer）。在该窗口中，可以看到装入的工程以及工程中的项目，如图 1-15 所示。

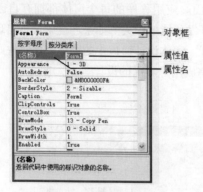

图 1-14 属性窗口

图 1-15 工程资源窗口

工程管理窗口是一个活动的窗口，可以用鼠标单击其标题栏，然后按住鼠标左键，任意移动。单击工程窗口标题栏上的关闭按钮，关闭该窗口。需要查看时，可单击"视图"菜单，选择"工程窗口"命令。工程窗口中列出了已经装入的工程以及工程中的项目。工程中的项目可分为如表 1-2 所示的 9 类。

表 1-2 工程所包含的项目

| 项目名称 | 说明 |
| --- | --- |
| 工程 | 工程及其包含的项目 |
| 窗体 | 所有与此工程有关的.frm 文件 |
| 标准模块 | 工程中所有的.bas 模块 |
| 类模块 | 工程中所有的.cls |
| 用户控件 | 工程中所有的用户控件 |

| 项目名称 | 说明 |
| --- | --- |
| 用户文档 | 工程中所有的 ActiveX 文档，即.doc 文件 |
| 属性页 | 工程中所有的属性页，即.pag 文件 |
| 相关文档 | 列出所有需要的文档（在此存放的是文档的路径而不是文档本身） |
| 资源 | 列出工程中所有的资源 |

### 9. 窗体布局窗口

窗体布局窗口（Form Layout window）允许使用鼠标拖动表示应用程序各窗体的小图标，以调整它们运行时在屏幕中出现的位置。

### 10. 立即、本地和监视窗口

这些附加窗口是为调试应用程序提供的。它们在 IDE 之中运行应用程序时才有效。

### 11. 对象浏览器

对象浏览器列出了工程中有效的对象，并提供在编码中漫游的快速方法。可以使用"对象浏览器"浏览 VB 中的对象和其他应用程序，查看对象有效的方法和属性，并将代码过程粘贴进自己的应用程序。

## 1.2.3　Visual Basic 6.0 帮助系统的使用

MSDN（Microsoft Developer Network）为 VB6.0 提供了强有力的文档帮助功能，其 1GB 的内容中包含了大量的技术说明文档、应用实例、开发人员知识库等极其有用的技术资料，而且全部译成中文，使阅读十分方便。毫不夸张地说，一个专业人员仅凭 MSDN Library 就可以在不依赖其他技术资源的情况下进行开发活动。MSDN Library 的安装十分简单，将其安装到机器上后，它就可以为你提供强有力的支持了。

### 1. MSDN Library 浏览器

选择 VB6.0 的菜单栏中"帮助（Help）"菜单的"内容（Contents）"，"索引（Index）"或"搜索（Search）"项就可以打开帮助窗口（MSDN Library Visual Studio 6.0），如图 1-16 所示。窗口左侧是查询导航区，右侧是帮助信息显示区，上部是工具栏。

图 1-16　MSDN Library Visual Studio 6.0 窗口

MSDN 查询帮助的方式主要有：按主题目录的分级查询，即通过 MSDN Library 提供的按主题分类的目录树查询；按索引信息查询，即通过输入关键字检索索引表进行查询；全文搜索信息查询，通过输入要查询的单词进行全文查询。

### 2. VB 的上下文帮助

VB 的上下文帮助功能可以让使用者以最简单的操作对其指定要查询的信息进行 MSDN Library 的全文检索。如在代码编辑窗口中操作方法是用鼠标选中要查询的内容，然后按 F1 键，系统马上就帮你定位到相关内容上面。如图 1-17 所示，用上下文帮助功能在 MSDN 窗口查询信息 "Private" 的示例。

图 1-17  用上下文帮助在 MSDN 窗口查询信息示例

同样，在 VB 界面的任何上下文相关部分选中待查对象，然后按 F1 键都可以查询 MSDN 提供的帮助信息。其中包括：

- VB 的所有窗口（如代码编辑窗口、属性窗口等）；
- 工具箱中的控件；
- 窗体文档对象内的对象；
- 属性窗口中的属性；
- VB 的关键词；
- 错误信息。

# 1.3  小  结

本章简要介绍了 VB 的特点、集成开发环境、使用方法和 VB 程序的构成及程序设计的一般步骤。希望读者初步了解 VB 的可视化程序设计的特点、事件驱动的编程机制以及 VB 的集成开发环境及使用方法。

# 习　题

## 一、判断题

1．保存工程时，窗体文件和工程文件的文件名不能相同。

2．为程序设计界面时，同一 Form 窗体中的各控件可以相互重叠，其显示的上下层的次序不可以调整。

3．VB 是一种结构化程序设计语言。

4．VB 是一种面向对象的程序设计语言。

5．VB 是一种采用事件驱动模式的程序设计语言。

6．VB 具有可视化的程序设计开发环境。

7．VB 最突出的特点是面向对象的程序设计。

8．VB 最突出的特点是编程简单。

## 二、填空题

1．Visual Basic 的程序设计方法是＿＿＿＿＿＿＿设计。

2．窗体设计器是用来设计＿＿＿＿＿＿＿。

3．启动 VB 后，系统为用户新建的工程名为＿＿＿＿＿＿＿的临时名称。

4．打开 VB 集成开发环境后，工具箱为＿＿＿＿＿＿＿。

5．VB 集成开发环境的工作模式为＿＿＿＿＿＿＿。

6．双击窗体中的任何控件，可以打开＿＿＿＿＿＿＿窗口。

## 三、编程题

1．请设计一个可以进行整数加、减、乘、除法的计算器。

2．请设计一个可以在程序窗口中显示"Hello World!"的程序，按"退出"按钮，程序结束运行。

# 第 2 章
# Visual Basic 语言基础

## 2.1 Visual Basic 的数据类型

数据是指能够输入计算机中，并能够被计算机识别和加工处理的符号的集合，是程序处理的最小对象。

### 2.1.1 提出问题，解决问题

程序在运行过程中可能要处理多种数据，如数值、字符、图形、图像和声音等，不同的数据有不同的存储要求和处理算法，那么计算机怎样区分这些数据，并根据数据的不同给出相应的处理方法？

数据类型这一概念可以用来区别不同的数据。如数值 100，可以称作整数类型；数值 123.5 可以称作单精度类型；"VB 程序设计"可以称作字符串类型等。把有共同特征的数据归纳为同一类型并取一个类型名，帮助计算机区别不同的数据。Visual Basic 中有系统定义的标准数据类型，而且允许用户根据需要定义自己的数据类型。

### 2.1.2 标准数据类型

标准数据类型是 Visual Basic 系统定义的数据类型，用户可以直接使用它们来定义常量和变量，Visual Basic 中的标准数据类型如表 2-1 所示。

表 2-1　　　　　　　　　　　Visual Basic 的标准数据类型

| 数据类型 | 关键字 | 类型符 | 所占字节数 | 前缀 | 大小范围 |
| --- | --- | --- | --- | --- | --- |
| 字节 | Byte | 无 | 1 | bty | 0~255 |
| 逻辑类型 | Boolean | 无 | 2 | bln | True 或 False |
| 整型 | Integer | % | 2 | int | -32768~32767 |
| 长整型 | Long | & | 4 | lng | -2147483648~2147483647 |
| 单精度实数 | Single | ! | 4 | sng | -3.402823E38~3.402823E38 |
| 双精度实数 | Double | # | 8 | dbl | -1.79769313486232E308 ~1.79769313486232E308 |

| 数据类型 | 关键字 | 类型符 | 所占字节数 | 前缀 | 大小范围 |
|---|---|---|---|---|---|
| 字符型 | String | $ | 与串长有关 | str | 0~65535 个字符 |
| 货币 | Currency | @ | 8 | cur | -922 377 203 685 477.5808<br>~922 377 203 685 477.5807 |
| 日期类型 | Date | 无 | 8 | dtm | 1/1/100~12/31/9999 |
| 对象类型 | Object | 无 | 4 | obj | 任何对象 |
| 通用类型<br>（变体类型） | Variant | 无 | 根据实际情况分配 | vnt | 上述有效范围之一 |

### 2.1.3　用户自定义数据类型

属于标准数据类型的数据，只能记录一个单一的信息。如果需要管理的数据包含了很多的基本数据，比如管理车辆的信息，一辆车的车牌号、品牌、型号、购买时间、里程数等。为了方便处理，可以把这些数据定义成一个新的数据类型（如 Car），这种结构称为"记录"。

Visual Basic 中的 Type 语句可实现自定义类型，格式如下：

```
Type  自定义类型名
      元素名 1  As 类型名
      元素名 2  As 类型名
      ...
      元素名 n  As 类型名
      End Type
```

Type 是语句定义符，是 Visual Basic 的关键字；自定义类型名即定义的数据类型的名称，由用户确定；end type 表示该类型定义结束。

例如，定义一个管理车辆信息的"记录"

```
Type  car
    car_no  As string
    car_brand  As string
    car_type  As string
    car_buytime  As date
    car_mileage  As single
End Type
```

# 2.2　常量与变量

数据在程序中以常量或变量的方式被引用。

### 2.2.1　提出问题，解决问题

例 2-1 设圆和圆球的半径均为 r，r 值从文本框中输入，请计算圆的周长和面积，圆球的表面积和体积。

分析：题中所求的几项参数均由几何公式计算得来，程序如下。

```
Private Sub Command1_Click()
Dim r As Double, c As Double, s1 As Double, s2 As Double, v As Double
r = Val(Text1.Text) '把文本框中的数字字符转换成数值
c = 2 * 3.14 * r: s1 = 3.14 * r * r
s2 = 4 * 3.14 * r * r: v = 4 / 3 * 3.14 * r * r * r
Text2.Text = c: Text3.Text = s1
Text4.Text = s2: Text5.Text = v
End Sub
```

程序界面如图 2-1 所示。

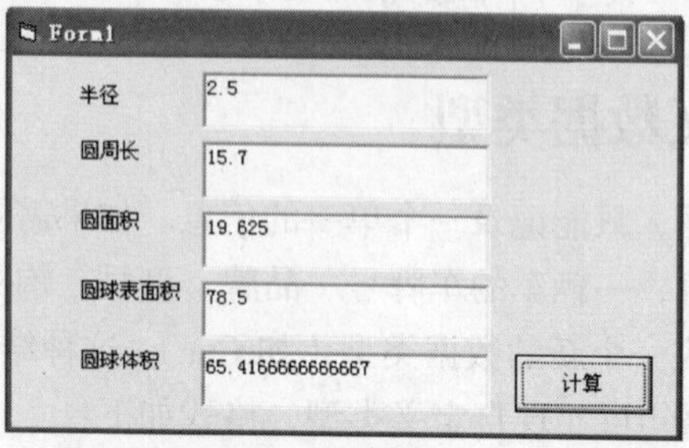

图 2-1　求圆和圆球参数程序运行界面

总结：该题目比较简单，利用几何公式即可得到结果。求几项参数的表达式集中写在一行，每个表达式间要用"："隔开，这是 Visual Basic 的语法规定。一行中如果包含多条语句，语句间用"："分隔开。程序中使用了变量、常量等知识，下面将逐一进行介绍。

## 2.2.2　常量

常量就是在程序运行过程中，其值不能被改变的量。Visual Basic 中的常量分为普通常量、符号常量和系统常量 3 种。如例 2-1 在计算公式中用到的圆周率值为"3.14"，为普通常量。

**1. 普通常量**

普通常量分为以下 5 类。

（1）整型常量。

Visual Basic 中可以使用十进制、八进制和十六进制的整型常量。如 5，-15，0 等是十进制常量；&O36，&O27 等是八进制常量（八进制常量以"&O"开头）；如&H36，&H27 是十六进制常量（十六进制常量以"&H"开头）；如 5&，&O36&，&H36&是长整型（long）常量，在数据的最后加长整型类型符"&"。

（2）实型常量。

Visual Basic 中的实型常量也称为浮点实数，它们以浮点数的形式存放在计算机中。实数类型有 Single 和 Double 两种。

实型常量可用十进制小数和指数两种形式表示。如-0.326，.326，326.0，326#，326! 是十进制小数形式；而 3.26E+3（或 3.26D+3）和-3.26D-3（或-3.26D-3）为指数表示形式，分别表示 $3.26 \times 10^3$ 和$-3.26 \times 10^{-3}$。

（3）字符串常量。

Visual Basic 中的字符串常量是用""引起来的一串字符。如"中国"，"China"，"Beijing2008"，"123"等。

a.　字符串常量必须用"""引起来。如 A 与"A"是不同的，前者出现在程序中时会被看做标识符（变量名是标识符的一种），而后者才是字符串常量。

　　b.　""与" "的含义是不同的。前者是不包含任何字符的空字符串；后者是有一个空格符的字符串。

　　c.　如果字符串中间有一个"""，如"中国"北京"，此时中间的"""需用两个"""来表示，应写成"中国""北京"。

　　（4）逻辑常量。

　　逻辑常量有 True 和 False 两个值。True 为真，False 为假；True 用-1 表示，False 用 0 表示。

　　（5）日期／时间常量。

　　日期／时间常量用来表示日期或具体时间，该类常量使用"#"将其括起来。例如，#12/7/2012#、#12/7/2012 11:02:00AM#、# :11: 03:05 AM #等。字面上可以被认作日期和时间的字符，同时要符合日期和时间的常规描述，用"#"括起来后，可以被看做日期型常量。

### 2. 符号常量

　　如果例 2-1 中圆周率的取值不够精确，需要把 3.14 换成 3.14159，为了满足这一要求，应怎样修改程序呢？最简单的办法就是逐一替换 3.14。本段中 3.14 出现的频率并不高，可以精确地定位并替换，但是若该值在程序中出现的频率非常高，那么在替换的过程中可能会漏掉一些数据，影响计算结果——解决这个问题最有效的办法就是使用符号常量。

　　符号常量，即用一个符号代表一个具体的常量值，该符号称为"符号常量"。引入符号常量可简化程序的录入、修改。

　　符号常量的定义方法：

```
Const 常量名[As 类型|类型符]=常数表达式
```

　　说明：常量名符合标识符命名规则，并且一般大写；"**[As 类型|类型符]**"用来指定标识符常量的类型，如果省略，则其类型由"="右边的常数表达式的类型决定；"常数表达式"的值必须是常量，可以取各种常量或常量表达式的值。

　　例 2-1 的程序可改写为

```
Const PI #=3.14159
Private Sub Command1_Click()
Dim r As double, c As double,s1 as double,s2 as double,v as single
r=val(text1.text)
c=2* PI *r: s1= PI *r*r: s2=4* PI *r*r: v=4* PI *r*r*r/3
End Sub
```

　　程序在运行时，系统会找到所有的"PI"（PI 的定义语句除外），并替换成"3.14159"进行计算。如果要修改 PI 的值，只要在定义 PI 的语句中修改即可，程序其他地方不需要做任何变动。

### 3. 系统常量

　　系统常量是 Visual Basic 提供的，能够表示一定含义的常量。如表示颜色的常量有 vbRed（红色），vbBlue（蓝色），vbBlack（黑色）。在程序中使用系统常量可以使程序变得易读和易编写。系统常量有很多，这里不做介绍，感兴趣的读者可以查阅相关资料。

### 2.2.3 变量

变量是指在程序运行过程中，其值可以改变的量，是程序临时保存数据的地方。

程序中为什么需要变量呢？

以例 2-1 为例，程序运行后，需要从文本框中输入圆和圆球的半径，当在文本框中输入数值 2.5 后，点击"计算"按钮，程序就会完成计算。那么在文本框中输入的数值 2.5 "跑"到哪里去了？计算出来的周长、面积和体积等参数又被"藏"在哪里呢？

答案就是变量。这些需要存储的数据全部被存放在对应的变量中，即过程开始时，使用"Dim"定义的这些"符号"。实际上，程序定义的每个变量都对应了一块内存空间，程序中的数据就是放在这些内存空间中的，然后通过内存空间对应的变量名引用数据，如图 2-2 所示。

Visual Basic 6.0 中的变量分为两种形式，分别是属性变量和内存变量。属性变量用来存储对象的属性值，在创建对象时由系统自动创建，程序编写者可以修改或引用属性变量的值；内存变量就是通常所讲的变量，是由程序编写者声明的。

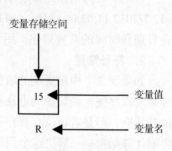

图 2-2　变量与变量值

**1.  变量的命名规则及 Visual Basic 字符集**

（1）变量名必须以字母或汉字开头，由字母、汉字、数字或下划线组成，不能包含其他符号。变量名不区分大小写，变量名 abc，Abc，ABC，abC 都表示为同一个变量。

（2）变量名称的长度最长为 255 个字符。

（3）Visual Basic 中的保留字不能作为变量名使用。保留字包括语法符号、系统内部函数和过程的名称等。

（4）变量名中的字符必须并排书写，不能出现上下标。

（5）Visual Basic 字符集就是指编写程序时所能使用的所有符号的集合。其包含字母、数字和专用字符 3 类，共 89 个字符。专用字符一共有 27 个，包括各种运算符、数据类型说明符、"（"、"）"、单引号、双引号、逗号、分号、冒号、实心句号、问号、下划线、空格符、回车键。

**2.  变量的声明**

变量的声明就是变量的定义。大多数编程语言要求变量"先声明，后使用"，Visual Basic 则允许变量可以不声明，直接引用。所以变量的声明方式有两种：显式声明和隐式声明。

（1）显式声明。

使用"Dim"来声明变量，格式如下：

```
Dim 变量名1 [As 类型|类型符]，变量名2[As 类型|类型符],...
```

例 2-1 中声明变量的方式为显式声明。

例如：

```
Dim a as single,b as double
Dim a!,b#
```

这两种声明方式是等价的。

说明：

a. 变量取名遵循变量命名规则。

b．"[As 类型|类型符]"指定变量的类型，可以是标准数据类型或自定义数据类型。

c．使用一个"Dim"可以声明多个变量，各个变量之间使用","分隔开。

d．字符型的变量，定义方式有两种：

```
Dim 变量名 as string              ——声明可变长字符变量
Dim 变量名 as string*字符个数      ——声明定长字符变量，长度为字符个数
```

例如：

```
Dim str1 as string
Dim str2 as string*50
```

对于可变长字符变量，其长度由字符串的实际长度确定，最多可存放 2M；对于定长字符串变量，如果存入的字符串长度小于指定长度，则尾部用空格补；如果超出指定长度，则系统自动截取指定长度个数的字符存入变量中，余下的舍去。

e．变量声明以后，系统会根据变量的类型为其分配存储空间，不同类型的变量占用的空间大小不同（见表 2-1）。

f．如果声明变量时没有指定变量的类型，那么变量将默认为变体型（Variant）。

例如：

```
Dim a,b,c as integer
```

其中，a，b 为变体类型，c 为整型。声明变量时最好指定变量的具体类型。

（2）隐式声明。

变量在没有声明的情况下直接引用时，即采用隐式声明的方式。由系统为新变量分配存储空间并使用。所有隐式声明的变量类型都是变体型（Variant）。

隐式声明变量虽然简单，但却是不好的习惯，有时会因为变量名拼写错误而给程序运行带来错误的结果，或者是给程序维护带来困难，所以可以使用 Option Explicit 语句强制显式声明所有变量。

在窗体模块、类模块和标准模块的通用声明段中添加 Option Explicit 语句，即可强制显式声明。

例如：

```
Option Explicit
Private Sub Command1_Click()
...
End Sub
...
```

"Option Explicit"语句下面的所有程序代码都要遵循"先定义，后使用"的原则。

**3．变量的赋值**

在声明变量之后，使用变量之前需要给变量赋值。赋值使用"="运算符，叫做赋值运算符（也是关系运算符中表示相等的运算符，但是含义大不相同，在后面章节介绍）。

例如：

```
Dim X as Integer,Y as Single
X=10: Y=6.5
```

变量的使用遵循"取之不尽，一存就变"的原则，即变量中的数据可以读取无数次，但一旦给变量赋值后，原来的值立即被覆盖掉。好比一个盒子（代表变量的存储空间），只能装下一个苹果（代表要存储的值），如果想把另一个苹果放进去，就必须要把原来的苹果取出来（覆盖）。

声明了变量之后，系统会给变量一个默认值，不同类型变量有不同的默认值（见表 2-2）。

表 2-2                          不同类型变量的默认值

| 变量类型 | 默认值（初值） |
| --- | --- |
| 数值型 | 0（或 0.0） |
| 逻辑型 | False |
| 日期型 | #0:00:00# |
| 变长字符串型 | ""（空字符串） |
| 定长字符串型 | 空格字符串，长度等于定长字符串的字符个数 |
| 对象型 | Nothing |
| 变体型 | Empty |

# 2.3　运算符与表达式

程序中对数据的操作，其实就是指对数据的各种运算。被运算的对象，如常数、常量和变量等称为操作数。运算符是用来对操作数进行各种运算的符号，如加号（+）、减号（-）等。诸多操作数通过运算符相连后，就成为一个表达式。运算符具有优先级和结核性，当一个表达式中有多种运算符出现时，哪种运算符先计算由其优先级决定，优先级高的运算符首先进行计算，当一个操作数左右两边的运算符相等时，运算是自左向右还是自右向左进行由运算符的结合性决定。

Visual Basic 中有 4 种运算符：算术运算符、关系运算符、逻辑运算符和连接运算符。表达式分为算术表达式、关系表达式、逻辑表达式和字符串表达式。

## 2.3.1　提出问题，解决问题

编写程序的目的就是要计算机帮助人类完成一定的工作。安装在计算机上的各种应用软件，如办公软件、即时通讯软件、游戏等，都能够服务人类。例 2-2 是两个简单的问题，需要编写成程序由计算机解决。

例 2-2 问题 1）计算个人所得税。小王本月实发工资是 4000 元（已经扣除三险一金），编写一个简单的所得税计算器帮他计算应缴纳个人所得税是多少。

问题 2）看谁会接到面试通知。一家大型药厂面试求职者，满足某些教育条件的求职者可得到面试机会。28 岁以下，清华大学经济学专业毕业生；25 岁以上，北京大学化学专业毕业生。

分析：解决问题 1）的关键是计算个人所得税的公式。根据我国最新个人所得税计算方法，小王工资中应上税的金额是：$x=4000-3500$；小王应缴纳税金额是：$y=x\times0.03$。

解决问题 2）的关键是能够用计算机"风格"的语言描述出面试条件。把条件中的学校和专业分别编号，学校：1.清华大学  2.北京大学。专业：1.经济学专业　2.化学专业。设三个变量 age（年龄）、college（学校）和 subject（学科）。

程序关键部分如下：

问题1）　小王的个人所得税为　(4000-3500)×0.3

问题2）　有机会面试的人应满足的条件

(age<=28 and college=1 and subject=1)or( age<=25 and college=2 and subject=2)

总结：两个问题的关键都是一个表达式，问题 1）的表达式叫做算术表达式；问题 2）的表达式是由逻辑表达式和关系表达式组合而成，其中 "="，"<=" 叫做关系运算符，"and" 和 "or" 叫做逻辑运算符。可见，运算符和表达式对于计算机解决实际问题是必不可少的。下面章节将详细介绍 Visual Basic 中的运算符和表达式。

## 2.3.2　算术运算符和算术表达式

算术运算符要求操作数是数值型，运算结果也是数值型。各种算术运算符的运算规格和优先级如表 2-3 所示。

表 2-3　　　　　　　　　　　　　　　　算术运算符

| 运算符 | 含义 | 运算符优先级 | 实例 | 结果 |
| --- | --- | --- | --- | --- |
| ^ | 幂方 | 1 | 4^2 | 16 |
| - | 负号 | 2 | -4+3 | -1 |
| * | 乘 | 3 | 4*5 | 20 |
| / | 除 | 3 | 15/2 | 7.5 |
| \ | 整除 | 4 | 15/2 | 7 |
| Mod | 求余 | 5 | 15 Mod 2 | 1 |
| + | 加 | 6 | 2+3 | 5 |
| - | 减 | 6 | 3-2 | 1 |

说明：

（1）除 "-" 负号运算是单目运算符（要求有一个操作数），其余都是双目运算符（要求两个操作数）。

（2）整除运算（\）的结果是商的整数部分。例如，7\2 表示整除，商为 3.5，结果取整数部分 3，不进行四舍五入。如果操作数是浮点数，则先四舍五入将它们变成整数，然后再执行整除运算。例如，对于 8.5\2，先将 8.5 变成 9 再进行整除，商为 4.5，结果为 4。

（3）取余运算（Mod）的结果是两个整数相除后的余数。如果操作数是浮点数，则四舍五入将它们变成整数，然后再执行运算。例如，对于 8.5Mod2.1，会变成 9Mod2，结果为 1。

（4）算术运算结果值的数据类型一般以操作数中精度高的数据类型为准。但也有特殊情况，除法和乘方运算的结果都是 double 型，long 型数据与 single 型数据的运算结果为 double 型。

（5）日期型数据是特殊的数值型数据，可以进行算术运算。

a．一个日期型数据和一个整数相加减，结果仍然是日期型数据。

例如：#16/3/2012#+5　结果为#21/3/2012#

　　　#16/3/2012#-5　结果为#11/3/2012#

b．两个日期型数据相减，结果是整数。

例如：#16/3/2012#-#11/3/2012#　结果为5

算术表达式。书写时注意以下两点。

a. Visual Basic 的算术表达式书写不同于数学中算式的书写，表达式中乘号不能省略，所有字符并排书写不能有上下标出现。例如下面的表达式：

数学表达式　　　　　　　vb 表达式

$b^2$-4ac　　　　　　　　b*b-4*a*c

b.决定表达式运算顺序的因素除了运算符优先级和结合性外，还可以使用"（）"来规定运算顺序，如(a+b)/(a-b)。

## 2.3.3　关系运算符和关系表达式

关系运算符用来对两个操作数进行大小比较。关系运算的结果是一个逻辑量，True（真）或False（假）。如果关系成立，则值为 True，否则值为 False。VB 中有 6 种关系运算符，如表 2-4 所示。

表 2-4　　　　　　　　　　　　　　　　关系运算符

| 运算符 | 含义 | 运算符优先级 | 实例 | 结果 |
| --- | --- | --- | --- | --- |
| = | 等于 | | 2=3 | False |
| >= | 大于等于 | | 5>=4 | true |
| <= | 小于等于 | 所有关系运算符的优先级别相同。低于算术运算符，高于逻辑"Not"运算 | "this">="that" | true |
| > | 大于 | | 6>4 | true |
| < | 小于 | | 6<2 | false |
| <> | 不等于 | | "abc"<>"abc" | false |
| like | 字符串匹配 | | "much" like "*ch" | true |
| Is | 对象比较 | | | |

说明：

（1）关系运算符的操作数若是数值，则以数值大小进行比较；若是日期数据则比较先后，早日期小于晚日期。

（2）字符串按照字符的 ASCII 码值的大小进行比较。即首先比较两个字符串第一个字符，ASCII 码值大的字符串大。如果第一个字符相同，则比较第二个字符，依次类推。例如，由于小写字母的 ASCII 码大，因此关系表达式"abc">"Abc"的值为 True（ASCII 码对照表参见附录 A）。

（3）数值型数据可以与数字字符进行比较，但是不能与非数字字符进行比较，如 123>"abc"是错误的。数值与数字字符进行比较时，系统把数字字符转换成数值型，然后进行比较。例如 123>"100"，会转化为 123>100，比较结果为 true。

（4）like 是字符串匹配运算符，使用格式为：

```
str1 like str2
```

其中 str1 和 str2 为两个字符串。如果 str1 和 str2 匹配，结果为 true；否则结果为 false。str2 也可结合通配符使用。Visual Basic 的匹配字符如表 2-5 所示。

表 2-5 匹配字符及含义

| 匹配字符 | 含义 | 举例 | 结果 |
|---|---|---|---|
| ? | 任何一个单个字符 | "much"like"?uch" | true |
| * | 零个或多个字符 | "much"like"*ch" | true |
| # | 任何一个数字（0~9） | "abc123"like"abc1##" | true |
| [charlist] | Charlist 中的任何单个字符 | "abc5"like"abc[0~9] " | true |
| [!charlist] | 不在 charlist 中的任何单一字符 | "abc5"like"abc[!0~9] " | false |

（5）Is 是对象比较运算符，用来确定操作数的两个对象的引用是否是同一个对象，而不是对对象的值做比较。

## 2.3.4　逻辑运算符和逻辑表达式

逻辑运算符用做逻辑运算。操作数可以是逻辑常量、变量或关系表达式。逻辑运算的结果也是一个逻辑值。表 2-6 中列出了 VB 中的 6 种逻辑运算符。

表 2-6 逻辑运算符

| 运算符 | 含义 | 优先级 | 举例 | 结果 |
|---|---|---|---|---|
| Not | 取反。操作数为 false，结果为 true；操作数为 True，结果为 false | 1 | Not("a"="A") | true |
| And | 逻辑与。两个操作数同时为 true，结果才为 true | 2 | (2>1)And(7<3) | false |
| Or | 逻辑或。两个操作数同时为 false，结果才为 false | 3 | (2>1)Or(7<3) | true |
| Xor | 逻辑异或。两个操作数布尔值不同时，结果才为 True | 3 | (2>1)Xor(7<3) | true |
| Eqv | 逻辑等价。两个操作数布尔值相同时，结果才为 True | 4 | (2>1)Eqv(7<3) | false |
| Imp | 逻辑蕴含。左边操作数为 true，右边操作数为 false 时，结果才为 False | 5 | (2>1)And(7<3) | false |

关系表达式和逻辑表达式或二者的组合通常用于描述条件，如果表达式的值为 true，条件是成立的，反之则不成立。例 2-2 中的问题 2），有资格进入面试的人就必须满足两个条件，如果条件表达式值为 true，那么这个人就可以进入面试了。

例 2-3 判断闰年的条件有：1）能被 4 整除，但不能被 100 整除；2）能被 400 整除。以上两个条件，满足任何一个，都是闰年。

分析：判断两个数能否整除，采用模运算，运算结果为零则能够整除，否则不能整除；条件 1）中两个小条件是要同时满足才可以，所以这两个条件应该用逻辑与（and）连接；条件 1）和条件 2）两个条件满足任何一个都能成立，所以这两个条件应该用逻辑或（or）连接。设要判断的年份为 year，表达式如下：

```
((Year Mod 4=0) And (year Mod 100 <>0)) Or (year Mod 400=0)
```

例 2-4 你的身材标准吗？设身高为 Height，体重为 Weight，标准体重计算方法是 Height-110；在标准体重上下 5kg 范围内的体重均是标准的。写出判断体重的表达式，并判断自己的体重是否标准。

分析：衡量体重是否标准的区间上下限分别是：

上限 Height-110+5，即 Height-105 （高于标准体重 5kg）
下限 Height-110-5，即 Height-115 （低于标准体重 5kg）

由分析得到表达式：

(Height-115)<=Weight<=(Height-105)

上面的表达式是一个数学表达式，要把它转化为 Visual Basic "风格" 的表达式：

(Weight>=(Height-115) )And (Weight<=(Height-105))

总结：Visual Basic 中表示区间时，不能直接使用数学表示形式，这也是 Visual Basic 初学者容易犯的错误。

## 2.3.5　字符串运算符和字符串表达式

"+" 和 "&" 是字符串连接运算符，使用格式为：

str1 +/& str2

说明：

（1）当 str1 和 str2 都是字符串时，两个运算符运算结果是相同的。如"abc"+"123"与"abc"&"123"的结果都是"abc123"。

（2）使用 "+" 运算符时，要求两个操作数都是字符串。若一个是数字字符串，一个是数值型数据，系统会把数字字符串转化成数值型数据与另一个操作数做加法运算（此时，"+" 执行的不再是字符串连接运算，而是加法运算）；若一个是非数字字符，一个是数值型，则出错。

（3）"&" 运算符的两个操作数既可以是字符型又可以是数值型，若是数值型，则自动转化为数字字符，然后进行连接运算。使用 "&" 时，数字字符串与 "&" 之间要有一个空格分隔，否则系统会把该字符串当成长整型数值处理（&同为长整型的类型符）。例如，123&"ocean"，123会被当做长整型整数进行处理，正确写法是 123 & "ocean"。

例 2-5 写出下列字符串表达式的值。

| | |
|---|---|
| "长江"+"黄河" | '结果为"长江黄河" |
| "长江"+"2345" | '结果为"长江 2345" |
| "长江"+2345 | '出错 |
| "黄河"& 1234 | '结果为"黄河 1234" |
| "2345"+1234 | '结果为 3579 |
| "2345" & 1234 | '结果为"23451234" |

## 2.3.6　运算符的优先级

在一个表达式中有多种运算时，由运算符的优先级规定运算顺序。各种运算符的优先级如下：

算术运算符>字符串运算符>关系运算符>逻辑运算符

说明：

（1）当表达式中出现上述 4 种运算，首先要完成算术运算，其次是字符串运算，然后是关系运算，最后是逻辑运算。相同类别的运算符在运算时又按照其内部优先级别进行运算，优先级相同的运算符按照其结合性进行运算。

（2）括号内的运算比括号外的运算先被执行。但是在括号内，仍保持正常的运算符优先级。书写表达式时，适当的使用括号运算符可以使表达式层次更加分明，增加程序可读性。

# 2.4    常用内部函数

Visual Basic 中的函数是指能够完成特定的操作，并且返回一个值的多条语句的集合。

在 visual Basic 中，系统为了实现某些功能而设定了一些内部函数，也称作库函数或标准函数，使用内部函数可以减少编写程序的工作量。本节将介绍一些常用的内部函数。

## 2.4.1    提出问题，解决问题

例 2-6 编写程序，当单击窗体，在窗体上随机位置，随机输出一个大写的英文字母。

分析：题目有两个要求：（1）随机位置；（2）随机大写英文字母。大写英文字母的 ASCII 码值的范围是从 65~90。如果要随机产生一个大写英文字母，就意味着需要随机生成一个 65~90 的整数，然后把整数转化为对应的大写字母输出到窗体上。随机整数可以采用 Visual Basic 中的随机函数生成。窗体上的随机位置可以通过设置 CurrentX、CurrentY 的属性来确定。CurrentX、CurrentY 是用来确定当前输出位置的坐标，随机生成两个坐标值即可实现随机位置输出。本例要使用一些常用的内部函数来实现。程序如下：

```
Private Sub Form_Click()
    Dim char As String * 1              '定义一个字符型变量存储生成的大写字母
    Form1.CurrentX = Rnd * Form1.ScaleWidth    '确定 CurrentX
    Form1.CurrentY = Rnd * Form1.ScaleHeight   '确定 CurrentY
    char = Chr(Int(Rnd * 16) + 65)      '生成随机大写英文字母
    Print char                          '在窗体上输出大写英文字母
End Sub
```

运行结果如图 2-3 所示。

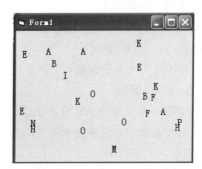

图 2-3    随机输出大写英文字母程序运行界面

总结：ScaleWidth,ScaleHeight 是控件内部坐标的宽度和高度，使用它们可以确定当前输出位置 CurrentX、CurrentY。随机函数 Rnd 产生一个[0,1)的双精度随机数。Int()用来把小数转化为整

数。Chr()用来把 ASCII 码值转化成对应的字符，以上用到的函数均属 Visual Basic 的内部函数。Visual Basic 提供了较多的内部函数，使用内部函数可以简化程序编写。

在程序中要使用一个内部函数（也称调用函数）时，只要给出函数名和它需要的参数即可得到结果（函数值）。使用方法如下：

```
函数名（参数列表）        '有参函数
函数名                    '无参函数
```

在使用函数时要注意函数参数的个数、类型和值域。Visual Basic 中函数的调用只能放在表达式中。

## 2.4.2　数学函数

数学函数可以完成一些基本的数学计算。常用的数学函数如下，其参数均为数值类型。

Sin(x)：返回自变量 x 的正弦值。

Cos(x)：返回自变量 x 的余弦值。

Tan(x)：返回自变量 x 的正切值。

Atn(x)：返回自变量 x 的反正切值。

在三角函数中，参数以弧度表示。例如，函数 Sin(30)中的 30 是指弧度，而不是 30 度。

Abs(x)：返回自变量 x 的绝对值。

Sgn(x)：返回自变量 x 的符号，即当 x 为负数时，返回-1；当 x 为 0 时，返回 0；当 x 为正数时，返回 1。

Sqr(x)：返回自变量 x 的平方根，x 必须大于或等于 0。

Exp(x)：返回以 e 为底，以 x 为指数的值，即求 e 的 x 次方。

Log(x)：返回 x 的自然对数。

## 2.4.3　转换函数

例如字符与 ASCII 码之间的转换，字母的大小写之间的转换，十进制、八进制和十六进制之间的转换等操作可以使用转换函数完成。常用的转换函数如下。

（1）Int(x)：求不大于自变量 x 的最大整数。

例如 Int(3.5)，结果为 3；Int(-3.5)，结果为-4。

Fix(x)：去掉一个浮点数的小数部分，保留其整数部分。

例如 Fix(3.5)，结果为 3；Fix(-3.5)，结果为-3。

（2）Hex$(x)：把一个十进制数转换为十六进制数。

Oct$(x)：把一个十进制数转换为八进制数。

（3）Asc(x$)：返回字符串 x$中第一个字符的 ASCII 码值。

例如 Asc("A")，结果为 65；Asc("Aabc")，结果为 65，当 x 是多个字符组成的字符串时，该函数只返回首字符的 ASCII 码值。

Chr$(x)：ASCII 码值转换成相应的字符，x 是 ASCII 码值。

例如 Chr$(65)，结果为"A"。

（4）Str$(x)：数值转换为一个字符串，x 为需要转换的数值，转换后的字符串第一位一定是空格（x 值为正数）或者是负号（x 值为负数），小数点最后的"0"将被去掉。

例如 Str$(123)，结果为"123"；Str$(-123)，结果为"-123"；Str$(1.23000)，结果为"1.23"。

Val(x)：把数字字符串 x 转换为相应的数值。当 x 中出现数值规定字符以外的字符时，只将最前面的符合数值规定字符转换成对应的数值。

例如 Val("123abc")，结果是 123；Val("-1.23E2abc")，结果为-123，这里的 E 是来做指数符号。

（5）Cint(x)：把 x 的小数部分四舍五入，转换为整数。

例如 Cint(3.7)，结果为 4。

（6）CDbl(x)：把 x 值转换为双精度数。

CSng(x)：把 x 值转换为单精度数。

（7）Ccur(x)：把 x 值转换为货币类型值，小数部分最多保留 4 位且自动四舍五入。

## 2.4.4　字符串函数

字符串函数用来完成对字符串的操作与处理。常用的字符串函数如下，参数 x 为待处理的字符串，可以是字符串变量，也可以是字符串常量。

（1）LTrim$(x)：去掉字符串 x 左边的空格字符。例如 LTrim$("  abcd")，结果为"abcd"。

Rtrim$(x)：去掉字符串 x 右边的空格字符。例如 RTrim$("abcd  ")，结果为"abcd"。

Trim$(x)：去掉字符串 x 左右两边的空格字符。例如 Trim("  abcd  ")，结果为"abcd"。

（2）Left$(x,n)：取字符串 x 左边的 n 个字符。例如 Left("abcdef",3)，结果为"abc"。

Right$(x,n)：取字符串 x 右边的 n 个字符。例如 Right("abcdef",3)，结果为"def"。

Mid$(x,p,n)：从位置 p 开始取字符串 x 的 n 个字符。Mid$("abcdef",2,4)，结果为"bcde"。

（3）Len(x)：返回字符串 x 的长度。例如 Len("Computer")，结果为 8。

（4）InStr(x1,x2)：在字符串 x1 中查找字符串 x2，返回 x2 在 x1 中首次出现的位置，如果没有找到则返回 0。例如 InStr("Computer","put")，结果是 4；InStr("Computer","abc")，结果是 0。

（5）Ucase$(x)：把字符串 x 中小写字母转换为大写字母。例如 Ucase$("ComPuter")，结果是"COMPUTER"。

Lcase$(x)：把字符串 x 中大写字母转换为小写字母。例如 Lcase$("ComPuter")，结果是"computer"。

## 2.4.5　日期和时间函数

日期函数用于操作日期与时间，例如获取当前的系统时间，求出某一天是星期几等。常见的日期函数如下。

Time：返回当前的系统时间。例如 Time，结果是 15:32:26。

Date：返回当前系统日期。例如 Date，结果是 2012-5-16。

Now：返回当前系统日期与时间。例如 Now，结果是 2012-5-16 15:32:26。

Day(D)：返回日期（1~31）。例如 Day(#2012-5-28#)，结果是 28。

Month(D)：返回月份（1~12）。例如 Month (#2012-5-28#)，结果是 5。

Year(D)：返回公元年号。例如 Year (#2012-5-28#)，结果是 2012。

WeekDay(D)：返回表示星期的代号，星期日为 1，星期一为 2……

例如 WeekDay (#2012-5-28#)，结果是 2。

Hour(D)：返回指定时间的小时数。例如 Hour(Time)，结果是 5（当前系统时间）。

Minute(D)：返回指定时间的分钟数。例如 Minute(Time)，结果是 32（当前系统时间）。

Second(D)：返回指定时间的秒数。例如 Second(Time)，结果是 26（当前系统时间）。

既可以使用 Time 和 Date 函数来获取当前的系统时间与日期，也可以使用两者来设置系统的时间与日期。

例 2-7 编写一个小程序，来获取当前的系统日期与时间，并重新设置系统时间为 12 点整，日期为 2012 年 5 月 28 日。

```
Private Sub Form_Click()
Print "当前系统时间是: " & Time
Print "当前系统日期是: " & Date
Time=#12:00:00 PM#
Date=#5/28/2012#
Print "当前系统日期是: " & Date;"当前系统的时间是: "& Time
End Sub
```

运行该程序，在窗体上单击，则显示出两组系统时间与日期。运行结果如图 2-4 所示。

图 2-4　显示修改系统时间程序运行界面

其中第一组是设置前的系统时间与日期，第二组是设置后的系统时间与日期。

### 2.4.6　随机函数

通过使用随机函数，可以产生指定范围内的随机数。

随机函数 Rnd([N])。Rnd 函数可以不要参数，其括号也可以省略。它可以产生一个[0,1]的双精度随机数。若要产生[N,M]区间的随机数，可以使用下面的表达式：

```
Int(Rnd*(M-N+1))+N
```

例如：

产生[1,100] 的随机整数，可以写成 Int(Rnd*99)+1。

产生[65,90] 的随机整数，可以写成 Int(Rnd*(90-65+1))+65，即 Int(Rnd*26)+65。

Rnd 函数与 Randomize 语句结合使用，首先使用 Randomize 语句来初始化随机数种子。Randomize 的使用格式是：

```
Randomize[n]
```

其中，n 可以省略，若省略 n，则用系统计时器返回的值作为新的种子值。

### 2.4.7　用户交互函数

#### 1. 数据的输入——InputBox 函数

InputBox 函数提供了一个简单的信息输入框，用户输入信息后，点击确定按钮。输入的信息会作为 InputBox 的返回值（字符型）。

InputBox 函数使用格式如下：

变量名=InputBox( 提示信息，标题，默认值，x 坐标，y 坐标)

例如　name=InputBox("请输入你的姓名","姓名输入","张远洋")
生成的信息输入框如图 2-5 所示。

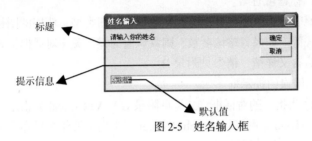

图 2-5　姓名输入框

说明：

（1）提示信息不可省略，标题和默认值可以省略，x 坐标和 y 坐标，用来确定对话框左上角在屏幕上的位置，可以省略。

（2）如果要省略中间的参数，两端的参数没有省略，则分隔参数的"，"不能省略，例如：

name=InputBox("请输入你的姓名"，，"张远洋")

该语句也可简写为：

name=InputBox("请输入你的姓名")

即省略了标题和默认值两部分，生成的信息输入框如图 2-6 所示。

图 2-6　简化的姓名输入框

（3）该函数的返回值是字符型。例如，用 InputBox 输入一个年份，判断该年份是否为闰年，需要使用 val()函数把 InputBox()函数的返回值转化为数值型数据。

```
Dim year as Integer
year=Val(InputBox("请输入一个年份","判断闰年","2012"))
```

（4）InputBox 一旦被调用，用户必须响应，否则程序将一直处于等待响应状态而无法继续进行。

（5）一个 InputBox 只能输入一个值。

2．MsgBox 函数和 MsgBox 过程

MsgBox 函数提供一个消息对话框。在对话框中显示消息，等待用户单击按钮，然后返回一个整数，该整数值指示用户单击了哪个按钮。

MsgBox 函数的使用格式如下：

变量名=MsgBox(提示信息,对话框样式,标题)

例如 N=MsgBox("密码输入错误，是否重试？", VbRetryCancel+VbCritical, "信息提示框")
生成的消息框如图 2-7 所示。

说明：

（1）提示信息不可省略，标题可省略。

（2）对话框样式，是数值表达式，指定显示的按钮数目及按钮类型，使用的图标样式，默认按钮的标识以及消息框的样式等。如果省略该参数，则默认值为零。关于对话框样式的取值及其含义和 MsgBox 函数的返回值含义详情，请参见附录 B。

例如图 2-7 中的密码输入错误的提示框。

VbRetryCancel+VbCritical 为指定的对话框样式（见附录 C）。VbCritical 为指定显示的图标类型，具体含义为显示 Critical Message 图标；VbRetryCancel 用来指定按钮数目和样式，具体含义为显示 Retry（重试）和 Cancel（取消）按钮。VbCritical 和 VbRetryCancel 均为 Visual Basic 常量，分别对应 16 和 5 两个整数，所以该语句也可写成：

N=MsgBox("密码输入错误，是否重试？",5+16,"信息提示框")

如果按下 Retry 按钮，MsgBox 函数会返回 4 或 vbRetry（内部常量）；按下 Cancel 按钮会返回 2 或 vbCancel。返回值将赋给变量 N，通过判断变量 N 的值，来确定用户点击的是哪个按钮，继而执行相应的处理程序。

MsgBox 过程的参数同 MsgBox 函数的参数含义是一样的，区别在于 MsgBox 过程没有返回值，即无法知晓用户点击哪个按钮，其功能主要是给用户一个简短的通知。在调用形式上，使用 MsgBox 过程，不需用括号把参数括起来。如上面的消息框使用过程实现，语句如下：

MsgBox "对不起，未查找到相关记录",0+64,"信息提示框"

生成消息框如图 2-8 所示。

图 2-7　密码输入提示框　　　　图 2-8　信息查找提示框

# 2.5　小　　结

本章介绍了 Visual Basic 的数据类型，变量和常量，运算符与表达式等内容，是 Visual Basic 编程的基础。

1. Visual Basic 的数据类型分为标准数据类型和用户定义的数据类型两种。不同的数据类型在计算机中存放的形式不同，占用内存空间不同，而且处理方法也不同。在编写程序时，常常需要处理不同类型的数据，对于初学者而言，要注意数据类型的正确使用。

2. Visual Basic 的变量声明方式有两种，显式声明和隐式声明。显式声明是使用 Dim 语句来声明变量；隐式声明是不声明变量，直接使用。隐式声明是一种不好的习惯，会给程序带来错误隐患，所以尽量减少使用或不使用，可以用 option explicit 来强制显式声明变量。

3．Visual Basic 的运算符有算术运算符、关系运算符、逻辑运算符和字符串连接符 4 种。每一种运算符对应一种表达式。要注意各种运算符的优先级别和结合性，为了保持运算顺序，在表达式中可以使用"（）"。

4．Visual Basic 中提供了大量的内部函数，掌握一些常用内部函数的功能和使用方法，可以减少编程的工作量。本章只介绍了一些常用内部函数，有兴趣的读者可另外查阅相关资料。

# 习　题

## 一、判断题

1．字符型数据以双引号作为定界符，输出时双引号本身不会显示在屏幕上。

2．代码 Const Number1=15：Number1=10 合法。

3．Dim a1,a2 as integer 语句显式声明变量 a1 和 a2 都为整型变量。

4．函数 Len("abc d"+"　　")的值是 5。

5．3abc 为合法变量。

6．在一个语句行内写多条语句时，语句之间应该用逗号分隔。

7．10=10 And 10>4+3 的结果是 True。

8．单精度的类型符是#。

9．VB 代码中不区分字母的大小写。

10．表达式 4+5\6*7/8 Mod 9 的值是 4。

11．VB 的赋值语句只能给变量赋值。

12．字符型数据以双引号作为定界符，输出时双引号本身要显示在屏幕上。

13．数据"2011/12/23"是日期类型。

14．存放数据 2011.12 到变量 x 中，应该将 x 定义成单精度类型的变量。

15．函数 Time 返回的是系统当前的时间。

## 二、选择题

1．设变量 x = 4，y = -1，a = 7，b = -8,下面表达式（　　）的值为"假"。

　　A．x+a <= b-y
　　B．x > 0　AND　y < 0
　　C．a = b　OR　x>y
　　D．x+y > a+b　AND NOT (y < b)

2．表达式 Int(-3.34)+20 的值是（　　）。

　　A．15　　　　　　B．16　　　　　　C．17　　　　　　D．28

3．下列变量名中正确的是（　　）。

　　A．3S　　　　　　B．Print　　　　C．Select　My Name　D．Select_1

4．如果变量 a、b、c 均为整型，下列程序段的输出结果为（　　）。

```
a=2
b=3
c=a*b
Print a & "*"& b & "="& c
```

　　A．c=6　　　　　B．a*b=c　　　　C．2*3=6　　　　D．a*b=6

5. 下列数据类型中，占用内存最小的是（    ）。

    A．Boolean        B．Byte        C．Integer        D．Single

6. 执行语句 s=Len(Mid("VisualBasic",5,7))后，s 的值是（    ）。

    A．14        B．7        C．LBasic        D．AlBasic

7. 计算结果为 0 的表达式是（    ）。

    A．Int(2.4)+Int(-2.8)        B．Int(2.4)+Round(-2.8)

    C．Fix(2.4)+Int(-2.8)        D．Fix(2.4)+Fix(-2.8)

8. 在窗体中添加一个命令按钮，名称为 Command1，然后编写如下程序,程序运行后，单击命令按钮，则在窗体上显示的内容是（    ）。

```
Private Sub Command1_Click( )
    A=1234
    C=Len(A)
    Print C
End Sub
```

    A．0        B．4        C．6        D．7

9. 下列各组常量的声明正确的是（    ）。

    A．Const C as 3    B．Const c=1/3    C．Public I=3    D．Puclic I=1/3

10. 表达式 6 Mod 4 + 2 * 3 ^2 = 38 的值是（    ）。

    A．TRUE        B．FALSE        C．6        D．7

11. 以下能产生 21 到 53 之间（包括 21 和 53）的随机整数的是（    ）。

    A．Int（RND*33+21）        B．Int（RND *32+21）

    C．Int（RND *53+1）        D．Int（RND *53）

12. 设 a=5,b=6,c=7,d=8,执行语句 x=iif((a>b) and (d>c),10,20)后，x 的值是：

    A．10        B．20        C．TRUE        D．FALSE

13. 我们在一个窗体上建立两个文本框，名称分别为 Text1 和 Text2，事件过程如下：

```
Private Sub Text1_Change()
Text2.Text = UCase(Text1.Text)
End Sub
```

    则在 Text1 文本框输入"visual basic"，Text2 将（    ）。

    A．Text2 中无内容显示        B．Text2 显示"VISUAL BASIC"

    C．Text2 显示"visual basic"        D．Text1 显示"visual basic"

14. 下列各项不是 Visual Basic 的基本数据类型的是（    ）。

    A．Char        B．String        C．Integer        D．Double

15. 变量 A!的类型是（    ）。

    A．Integer        B．Single        C．String        D．Boolean

16. 删除字符串前导和尾随空格的函数是（    ）。

    A．Ltrim()        B．Rtrim()        C．Trim()        D．Lcase()

17. 设 a、b、c 为整型变量，执行以下程序后，a、b、c 的值是（    ）。

```
a=1:b=2:c=3
a=b:b=c:c=a
```

　　　A. 2 3 1　　　　　B. 2 3 2　　　　　C. 3 2 1　　　　　D. 1 3 2

18. 表达式 2*3^2+2*8/4+3^2 的值为（　　　）。

　　　A. 64　　　　　　B. 31　　　　　　C. 49　　　　　　D. 22

19. 表达式"abc" & 123 的结果为（　　　）。

　　　A. abc123　　　　B. abc　　　　　C. 123abc　　　　D. 123

20. 下列优先级最高的运算符是（　　　）。

　　　A. Mod　　　　　B. Not　　　　　C. Or　　　　　　D. <>

21. 命题："Z 比 X、Y 都大"的 VB 逻辑表达式为（　　　）。

　　　A. Z>X Or Z>Y　B. Z>X And Z>Y　　C. Z>X And Y　　D. Z>X Or Y

22. 数学关系式 3≤x<10 表示成正确的 VB 表达式为（　　　）。

　　　A. 3<=x<10　　　B. 3<=x And x<10　C. x>=3 Or x<10　D. 3<=x And <10

23. 函数 Int(-2.5)的值是（　　　）。

　　　A. -2　　　　　　B. -3　　　　　　C. -4　　　　　　D. -5

24. 设 a=2,b=4,c=6，下列表达式的值为真的是（　　　）

　　　A. a>b And c<a　B. a>b Or c<a　　C. a>b Xor c<a　　D. a>b Eqv c<a

25. 表达式 abs(-5)+Len("ABCDE")的值是：（　　　）。

　　　A. 5ABCDE　　　B. 10　　　　　　C. 0　　　　　　D. 5

**三、填空题**

1. 写出整数 n 能同时被 13 和 17 整除的 Basic 表达式_____。

2. 写出在字符串"Visual Basic 6.0"中截取"Visual"的 Basic 表达式_____。

3. 设 a = 2，b = 5，c = -2，d = 100，则 a > c　AND　b >= d 的值为_____。

4. 要强制显式声明变量，使用_____语句完成。

5. 设 a=7，b=4，c=4 则 NOT a<=c AND b<>a+c 的值为_____。

6. 关系运算符、逻辑运算符和算术运算符的优先级顺序为_____。

7. 声明定长为 10 个字符变量 Sstr 的语句为：_____。

8. 判断 x 不是 3 的倍数的表达式为_____。

9. 执行赋值语句 a="Visual"+"Basic"后，变量 a 的值是_____。

10. 在 VB 中将 red 声明为常量 255，使用的语句是_____。

11. 执行以下语句后，输出结果是_____和_____。

```
s$="ABCDEFGHIJK"
print mid$(s$,3,4)
print len(s$)
```

12. 在窗体上画两个文本框和一个命令按钮，然后在代码窗口中编写如下事件过程：

```
Private Sub Command1_Click()
    Text1.Text = "VB Programming"
    Text2.Text = Text1.Text
    Text1.Text = "ABCD"
End Sub
```

程序运行后，单击命令按钮，两个文本框中显示的内容分别为_____和_____。

# 本章实训

## 【实训目的】

① 熟练掌握 Visual basic 中的数据类型、运算符及表达式的书写规则。

② 掌握常用内部函数。

③ 能够应用基本控件，实现简单界面设计。

## 【实训内容与步骤】

（1）编写程序计算 356 秒是多少分多少秒。

提示：定义一个变量 x 存放 356，再定义两个变量 m 和 s 分别用来存放分和秒。则 m=356\60，S=356MOD60。根据提示，补全下列程序并且上机运行。

```
Private Sub Form_Click()
Dim x As Integer
Dim m As Integer, s As Integer
___ = Val(InputBox("请输入要转换的秒数", "分秒转换", 60))
m = _____
s = _____
Print x & "为" & m & "分" & s & "秒"
End Sub
```

（2）输入一个三位数，求各位数字之和。例如，输入 123，则输出结果 1+2+3=6。

本题的关键是能够分隔出三位数中各个位置的值。补全下列程序并上机运行。

```
Private Sub Form_Click()
Dim x As Integer, y As Integer, str As String
Dim g As Integer, s As Integer, b As Integer
x = Val(InputBox("请输入要分割的三位数", "", 100))
b =_____            '百位数等于 x 与 100 整除的商
s =_____            '十位数等于 x 减去百位数后与 10 整除的商
g =_____            '个位数等于 x 与 10 的模运算结果
y =_____            '求三位数之和
str = "个十百位分别为" & g & " " & s & " " & b & ",三位之和为" & y
MsgBox str, vbOKOnly, "结果"
End Sub
```

（3）编写程序计算表达式。

计算此表达式需要用到正弦函数，求平方根函数，绝对值函数和求 e 的 x 次幂函数等相关函数。补全下列程序并上机运行。

```
Private Sub Form_Click()
Dim r As Double, x As Integer, y As Integer, str As String
```

```
x = Val(InputBox("请输入 x 的值", ""))
y = Val(InputBox("请输入 y 的值", ""))
r = _____
str = "计算结果为" & r
MsgBox str, vbOKOnly, "结果"
End Sub
```

（4）编写程序模拟一个简单的计算器。输入两个运算数之后点击相应的运算符，在第三个文本框中显示结果，同时在三个文本框之间显示运算符和等号。点击清除按钮，三个文本框中的数据同时清空。程序运行界面如图 2-9 所示。

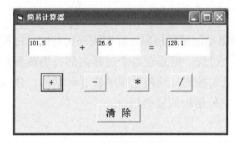

图 2-9　计算器运行结果

# 第 3 章
# 三种基本程序控制结构

Visual Basic 是采用事件驱动的编程机制，即在程序运行时，过程的执行顺序不是固定的，而是由触发的事件决定执行哪个过程。但是在各个过程内部，仍然要采用结构化的程序设计方法，程序的执行流程由流程控制语句控制。结构化程序有 3 种结构，分别是顺序结构、选择结构和循环结构。一个程序往往是这 3 种结构的复杂组合。

## 3.1 算法及 Visual Basic 语言编程规约

编写计算机程序如同解数学应用题，首先要有清晰的思路。人们把为解决一个问题而采取的方法和步骤称为算法。

### 3.1.1 提出问题，分析问题

例 3-1 任意输入两个数，输出其中较大的数。

分析：这是一个非常简单的问题，以人类解决问题的方式，在脑中比较两个数的大小，就能立即得出结果。计算机解决问题的方式也类似人脑，也需要比较两个数才能得出结果，只是这个过程需要人类的指导，需要程序员把解决问题的每一步都描述得清楚准确，然后把这些步骤转化为程序交给计算机执行，才能得出结果。这些解决问题的步骤就是算法。本例算法描述如下。

（1）输入两个数，分别存放在变量 a，b 中。

（2）比较 a，b 的大小。若 a 大于 b，则执行步骤（3）；否则执行步骤（4）。

（3）输出 a，执行步骤（5）。

（4）输出 b，执行步骤（5）。

（5）结束。

总结：计算机需按照这 5 步解决问题，这是算法的描述，采用的是自然语言。

### 3.1.2 算法

#### 1. 算法的特征

一个算法应该具有以下 5 个重要特征。

（1）有穷性：一个算法必须保证执行有限步之后结束。

（2）确定性：算法的每一步必须有确切的含义，不允许出现歧义。

（3）输入：一个算法有 0 个或多个输入，0 个输入是指算法本身定义了初始条件。

（4）输出：一个算法有一个或多个输出，没有输出的算法是没有意义的；

（5）有效性：算法能够在特定的环境中满足解决某一问题的精度、时间、稳定性的要求。

#### 2. 算法的描述

算法的描述方法有很多种，如自然语言、伪代码、传统流程图、N-S 流程图等。流程图是一种精确描述算法的图形工具，读懂流程图以及绘制流程图是编程者之间交流算法思想的有效途径。本书主要采用传统流程图描述算法。流程图中常用的符号如图 3-1 所示。

起止框　　　处理框　　　判断框　　　输入、输出框　　　流程线

图 3-1　流程图中常用的符号

把例 3-1 的算法转化为流程图表示，如图 3-2 所示。

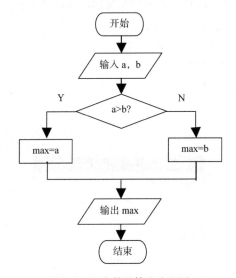

图 3-2　取大数的算法流程图

## 3.1.3　Visual Basic 语言的编码规则

#### 1. Visual Basic 代码书写规则

（1）Visual Basic 代码中不区分字母的大小写。

（2）同一行可以书写多条语句，但语句之间要用"："分隔。

（3）单行语句可以分多行书写，在本行后加续行符：空格和下画线_。

（4）一行允许多达 255 个字符。

（5）整行注释一般以 Rem 开头，也可以"'"开头。

#### 2. 系统对用户程序代码进行的自动转换

（1）Visual Basic 中的关键字、首字母被转换成大写，其余是小写。

（2）若关键字由多个英文单词组成，则将每个单词的首字母转换成大写。

（3）对于用户定义的标识符，以第一次定义的为准，以后输入时自动转换成首次定义的形式。

# 3.2　顺　序　结　构

顺序结构是按照程序段书写的顺序执行的结构，是程序设计最基本的一种结构。

## 3.2.1　提出问题，分析问题

例 3-2　输入两个变量，然后交换两个变量的值，再输出。

分析：如果要交换两个杯子 A 和 B 中的水，应该怎么办呢？这时候需要一个"中间"杯子 C。首先把 A 杯中的水倒入 C 杯中（C=A），然后把 B 杯中的水倒入 A 杯中（A=B），最后把 C 杯中的水倒入 B 杯中（B=C）。交换变量值的道理与此类似。本例中采用 InputBox 函数输入两个变量，在窗体上输出交换前的变量值，以及交换后的变量值。程序如下：

```
Private Sub Command1_Click()
Dim A As Integer, B As Integer, C As Integer
A = Text1.Text: B = Text2.Text
C = A: A = B: B = C
Text3.Text = A: Text4.Text = B
End Sub
```

运行结果如图 3-3 所示。

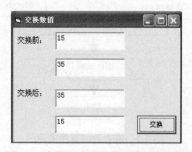

图 3-3　交换两个变量值程序运行界面

说明：本例是一个简单的顺序结构，程序从 Sub 子过程的第一条语句开始，到 End Sub 结束，依次执行各条语句，没有发生任何流程的跳转。交换两个变量的值时，必须引入第三个变量作为中间变量，不能两个变量直接互相赋值，如 A=B：B=A，是错误的。

## 3.2.2　数据的输出——Print 方法

Print 方法是用来输出数据和文本的一个重要方法。它可以在窗体、图片框和立即窗口中输出数据。

### 1.　Print 方法使用格式是：

[对象.]Print[表达式表][,1;]

说明：

（1）"对象"可以是窗体（Form）、图片框（PictureBox）、打印机（Printer）或立即窗口（Debug）。如果省略了"对象"，则是指当前窗体。

（2）"表达式表"是一个表达式或多个表达式，可以是数值表达式或字符串。对于数值表达式，Print 具有计算和输出双重功能；而对于字符串，则原样输出。如果省略了"表达式表"，则输出空行。

（3）当输出多个表达式或字符串时，各输出项之间可用逗号或分号隔开，也可以用空格。如果用逗号分隔，则各输出项之间有 14 个空格的长度分隔。如果用分号分隔，则按紧凑格式输出数据，数值之间有一个空格的长度，字符串之间没有空格。

（4）不换行输出。如果 Print 末尾没有标点符号（逗号或分号），则自动换行。如果 Print 末尾有逗号或分号则不换行，即下一个 Print 输出的内容将接在当前 Print 所输出的信息后面。

### 2. Tab 函数和 Spc 函数

Print 方法经常结合 Tab 函数和 Spc 函数输出使用。

（1）Tab 函数。

格式：Tab(n)

功能：把光标移到由参数 n 指定的位置，从这个位置输出信息，输出的内容放在 Tab 函数的后面，并用分号隔开。

说明：

a. 参数 n 是一个整数，它是下一个输出位置的列号，最左边的列号为 1。

b. 当在一个 Print 方法中有多个 Tab 函数时，每个 Tab 函数对应一个输出项，各输出项之间用分号隔开。

（2）Spc 函数。

格式：Spc(n)

功能：在 Print 方法中使用 Spc 函数可以跳过 n 个空格。

说明：

a. 参数 n 是一个整数。Spc 函数与输出项之间用分号隔开。

b. Spc 函数和 Tab 函数作用类似，而且可以互相代替。二者的区别为：Tab 函数是从左端开始计数，而 Spc 函数只是表示两个输出项之间的间隔。

例 3-3 写出下列代码的执行结果。在 Print 方法中经常使用 Tab 函数、Spc 函数和 Space 函数，使得信息按指定的格式输出。

```
Private Sub Form_Click()
Dim x As Integer, y As Single
Print 100                    '输出 100 后换行
Print -100                   '输出-100 后换行
Print "abc"                  '输出 abc 后换行
Print "abc";
Print "def"                  '输出 abc 后，输出 def，换行
Print "abc",
Print "def"                  '输出 abc 后，间隔 14 个空格，输出 def，换行
Print "abc"; "def"
Print "abc", "def"
Print Tab(15); "abcdef"      '在第 15 列上输出 abcdef
Print Spc(15); "abcdef"      '输出 15 个空格，在第 16 列上输出 abcdef
Print Tab(1);"123456789"; Tab(11); "abcdef"  '第 1 列上输出 123456789,第 11 列输出 abcdef
Print Tab(2); "123456789"; Spc(5); "abcdef"   '第 2 列上输出 123456789，输出 5 个空格，输出
```

```
abcdef
    End Sub
```

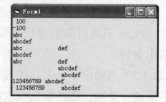

程序运行结果如图 3-4 所示。

### 3.2.3　赋值语句

赋值语句是 Visual Basic 语句中最基本也是使用频率最高　图 3-4　print 输出结果程序运行界面

的语句之一。采用赋值语句为变量赋值，Visual Basic 的变量有两种，属性变量和内存变量。赋值语句格式如下：

变量名=<表达式>
对象.属性=<表达式>

赋值时，首先计算运算符右边表达式的值，然后赋给左边的变量或属性。
例如：

```
N=123 Mod 15                    '内存变量赋值
Text1.text="祝你学好 vb 程序设计"       '属性变量赋值
```

注意：

（1）赋值运算符的左边必须是变量或对象的属性，不允许是常量或表达式或函数调用（也可看做是表达式）。例如：

```
15=10              '左侧为普通常量
PI=3.14            '左侧为符号常量
sin(30)=123        '左侧为函数调用，可视为表达式
a+b=12             '左侧为算术表达式
```

以上都是错误的赋值方式。

（2）不允许在一个赋值语句中为多个变量赋值，如 x1=x2=x3=15 是错误的。如 x=x+1 的含义不是数学方程，而是把变量 x 的值加 1 后再赋给 x。

（3）赋值运算符 "=" 左右两边的数据类型一般要求一致，若不一致，Visual Basic 系统会进行处理。如果运算符左右两边均为数值但精度不同，则右边数值强制转化为左边变量的精度；任何非字符型数据赋值给字符型变量时，均转化为字符型；当数字字符串赋值给数值型变量时，把数字字符串转化为数值型数据，再进行赋值（数字字符串不能是空串或含有数值规定字符意外的字符，如 "12ab3"）；逻辑型数据赋值给数值型变量，True 转化为-1，False 转化为 0；数值型数据赋值给逻辑型变量时，非 0 数值转化为 True，0 转化为 False。

### 3.2.4　应用举例

例 3-4 编写一个温度转换程序，完成摄氏温度和华氏温度的转换。下述转换公式中，C 代表摄氏温度，F 代表华氏温度，转换结果保留小数点后两位。程序运行结果如图 3-5 所示。

程序代码如下：

图 3-5　温度转换程序运行界面

```
'转换摄氏
Private Sub Command1_Click()
    Dim f As Single, c As Single
    f = Val(Text1.Text)        '输入华氏温度
    c = 5 / 9 * (f - 32)       '转换为摄氏温度
    Text2.Text = Str(c)        '输出摄氏温度
End Sub
'转换华氏
Private Sub Command2_Click()
    Dim f As Single, c As Single
    c = Val(Text2.Text)        '输入摄氏温度
    f = 9 / 5 * c + 32         '转换为华氏温度
    Text1.Text = Str(f)        '输出华氏温度
End Sub
```

例 3-5 设计一个信息录入窗口（见图 3-6），录入学生的基本信息。包括学号、姓名、系别、班级、生日、家庭住址。单击保存按钮后，录入的基本信息由 MsgBox 显示。程序代码如下：

```
'自定义数据类型 Student 存放学生综合信息
Private Type Student
s_no As String
s_name As String
s_dept As String
s_class As String
s_birthdate As Date
s_add As String
End Type
Private Sub Command1_Click()
Dim s As Student, msg As String
s.s_no = Text1.Text
s.s_name = Text2.Text
s.s_dept = Text3.Text
s.s_class = Text4.Text
s.s_birthdate = Text5.Text
s.s_add = Text6.Text
msg = "学号: " & s.s_no & " 姓名: " & s.s_name & " 系别: " & s.s_dept & " 班级: " & s.s_class
& " 生日: " & s.s_birthdate & " 家庭住址: " & s.s_add
MsgBox msg, 0, "学生信息"        '调用 MsgBox 过程显示信息
End Sub
```

运行结果如图 3-7 所示。

图 3-6　学生信息录入窗口　　　　　　　　　　图 3-7　输入和显示学生信息程序运行界面

总结：本例中学生信息是综合性信息，所以选取自定义的数据类型 Student 存放信息。自定义类型在使用前首先进行类型的定义（Student 的定义），然后再定义该类型的变量（s），即可使用。使用时采用 "s.s_no" 的形式引用类型中元素，"." 的左侧为变量名，右侧为元素名。每个元素都可看做一个变量。Student 的定义放置在模块的公共部分，使得该模块的所有过程都可使用 Student，如放在 Command1_Click()中定义，则只有该过程才能使用它。

# 3.3　选择结构

当一个司机行车至某一岔路口时，由两条路可供选择，司机通过判断后，选取其中的一条路。程序执行过程中也会遇到这种情况，当有多个可以执行的程序分支时，需要计算机进行判断（依据判断条件），然后选取满足条件的分支执行下去，这就是选择结构。

选择结构有 IF 条件语句和 SELECT CASE 语句，可以实现单分支、双分支和多分支几种结构。

## 3.3.1　提出问题，分析问题

例 3-6 一个简化了的奖学金评审规则：三门课程的平均成绩在 90 分以上（包含 90 分）者可以获得奖学金。编写一个 Visual Basic 程序，看谁能拿到奖学金。

分析：解决该问题的关键是学生的平均分与 90 的关系，求取平均分后，即可进行判断。判断过程用选择结构实现。程序界面使用四个文本框，用来输入学生姓名和三门课程的成绩，一个标签用来显示判断结果。程序代码如下：

```
Private Sub Command1_Click()
Dim s_en As Single, s_sp As Single, s_pro As Single
Dim ave As Single, msg As String
s_en = Val(Trim(Text2.Text))
s_sp = Val(Trim(Text3.Text))
s_pro = Val(Trim(Text4.Text))
ave = (s_en + s_sp + s_pro) / 3
ave = Fix(ave * 100 + 0.5) / 100 '结果保留小数点后两位
'奖学金评审，使用 IF 选择结构
If ave >= 90 Then
msg = Label5.Caption & Text1.Text & "的平均分为: " & ave & ", 可获得奖学金"
Else
msg = Label5.Caption & Text1.Text & "的平均分为: " & ave & ", 不能获得奖学金"
End If
'输出评审结果
Label5.Caption = msg
End Sub
```

程序运行结果如图 3-8 所示。

## 3.3.2　If 语句

1. 单分支选择结构——If... then...语句
该语句只提供一个选择分支，有两种格式。
格式一：

图 3-8　奖学金评审程序运行界面

```
If <条件表达式> then
    语句块
End If
```

格式二：

```
If<条件表达式> then 语句块
```

说明：

（1）单分支 If 语句的功能是判断条件表达式，如果值为 True，则执行语句块，否则跳过语句块，执行 End If 下面的代码，流程图如图 3-9 所示。

（2）"<条件表达式>"的值是逻辑值，表达式类型一般为关系表达式或逻辑表达式，也可为算术表达式。为算术表达式时，表达式的值为 0 视为 False，非 0 视为 True。条件表达式中若出现"="，则视为关系运算符而不是赋值运算符。

（3）语句块为一条或多条语句的集合。若选择格式二，则需把整个条件语句写在一行，语句块中若有多条语句，语句间用"："分隔。

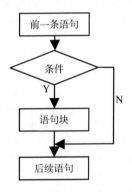

图 3-9   单分支选择流程图

例 3-7   输入三个数 a，b，c，要求按照由大到小的顺序输出。使用 InputBox 输入 a，b，c 的值。

分析：对 a，b，c 三个数进行排序，方法是两两比较，需要比较三次。采用单分支选择结构实现三次比较。程序代码如下：

```
Private Sub Form_click()
Dim a As Integer, b As Integer, c As Integer, t As Integer
a = Val(InputBox("输入 a 的值"))
b = Val(InputBox("输入 b 的值"))
c = Val(InputBox("输入 c 的值"))
Label1.Caption = "排序前 a、b、c 分别为: " & a & ", " & b & ", " & c
If a < b Then
t = a: a = b: b = t
End If
If a < c Then
t = a: a = c: c = t
End If
If b < c Then
t = b: b = c: c = t
```

```
End If
Label2.Caption = "排序后a、b、c分别为: " & a & ", " & b & ", " & c
End Sub
```

程序执行结果如图 3-10 所示。

### 2. 双分支选择结构——If...Then...Else...语句

If...Then...Else...语句

双分支 If 语句提供两个选择分支，语句格式如下：

```
If<条件表达式> then
    语句块 1
Else
    语句块 2
End If
```

说明：

双分支 If 语句的功能是：判断条件表达式的值，如果为 True，执行语句块 1；否则执行语句块 2。流程图如图 3-11 所示。条件表达式和语句块的说明详见单分支选择结构。

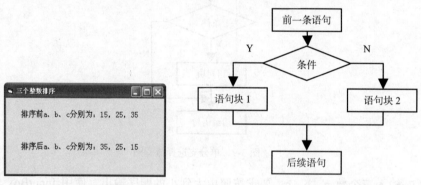

图 3-10　三个整数排序程序界面　　　　图 3-11　双分支选择流程图

例 3-8 输入三个数作为三角形的三条边，如果这三个数能构成三角形，计算该三角形面积，否则给出错误提示。

分析：解决该问题应分为如下两步。

（1）判断三条边能否构成三角形，判断条件是任意两边之和大于第三边。

（2）对能构成三角形的数据进行计算，求出三角形的面积，公式如下：

$$s = \sqrt{x(x-a)(x-b)(x-c)}，其中 x = \frac{a+b+c}{2}$$

程序代码如下：

```
Private Sub Command1_Click()
 Dim a!, b!, c!, s!, x!
   a = Val(Text1.Text)
   b = Val(Text2.Text)
   c = Val(Text3.Text)
   If a + b > c And b + c > a And a + c > b Then    '如果能构成三角形
     x = (a + b + c) / 2
```

```
        s = Sqr(x * (x - a) * (x - b) * (x - c))
        Label2.Caption = "三角形面积为: " & s
     Else
        Label2.Caption = "数据有错,不能构成三角形"
     End If
  End Sub
```

程序运行结果如图 3-12 所示。

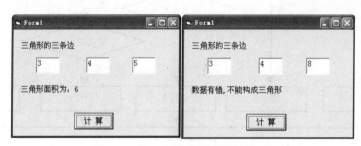

图 3-12 求三角形面积程序运行界面

### 3. 多分支选择结构——If...Then...ElseIf...语句

多分支 If 提供了多个选择分支。语句格式如下:

```
If <条件表达式 1> Then
     语句块 1
ElseIf<条件表达式 2> Then
     语句块 2
...
ElseIf<条件表达式 n> Then
     语句块 n
Else
     语句块 n+1
End If
```

说明:

（1）多分支 If 语句的功能是: 依次判断表达式的值, 当某个表达式的值为 True 时, 则执行该表达式对应的语句块, 然后跳出 If 语句, 继续执行后续程序。如果所有表达式的值均为 False, 则执行 Else 分支的语句块, 如果没有 Else 分支, 则结束整个结构, 执行后续代码。程序流程图如图 3-13 所示。

（2）无论有多少个分支, 程序执行一个分支后, 便不再执行其余分支。当有多个分支的条件均为 True 时, 只执行第一个条件为 True 的分支。

（3）Else 分支可以省略。

例 3-9 设计一个大小写转换程序。当在输入框中输入大写字母, 在输出框中同时显示出对应的小写字母; 当在输入框中输入小写字母, 在输出框中同时显示出对应的大写字母; 若输入空格, 则显示 "*"; 输入 "*", 显示空格; 输入其他字符, 在输出框中原样输出。

分析:（1）在转换大小写之前需要判断当前需要转换的字符是属于哪类? 根据题意, 字符分为四类, 分别是大写字母、小写字母、空格、星号以及其他字符, 本例使用多分支选择结构完成字符判断, 并给出相应处理。

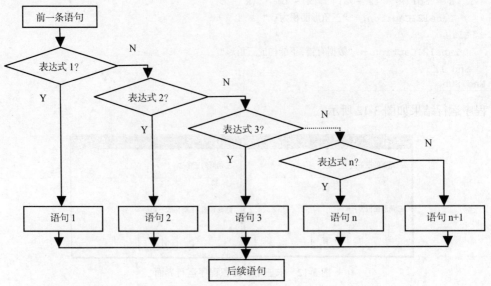

图 3-13　多分支选择结构流程图

（2）大小写字符的转换。大小写字符的 ASCII 码值相差 32，可利用 ASCII 码值减 32 或加 32，实现大小写字母的转换；也可使用内部函数 Ucase 和 Lcase 进行转换。

（3）本程序的处理代码写在过程 Text1_KeyPress 中。当进行文本输入时，每一次键盘输入，都将使文本框接收一个 ASCII 码字符，发生一次 KeyPress 事件。可通过该事件判断当前输入的字符类别，然后给出相应的处理。

程序如下：

```
Private Sub Text1_KeyPress(KeyAscii As Integer)
    Dim st As String * 1
    st = Chr(KeyAscii) '将参数传递的ASCII 码值转化为字符
    '小写字母与大写字母的Ascii 码相差 32
    If st >= "a" And st <= "z" Then  ' 如果是小写字母
        st = Chr(KeyAscii - 32)          ' 转换成大写字母
    ElseIf st >= "A" And st <= "Z" Then
        st = Chr(KeyAscii + 32)
    ElseIf st = " " Then
        st = "*"
    ElseIf st = "*" Then
        st = " "
    End If
    Text2.Text = Text2.Text & st
End Sub
```

程序运行结果如图 3-14 所示。

例 3-10　某邮局对邮寄包裹有如下规定：若包裹的长宽高任一尺寸超过 1 米或重量超过 30 千克，不予邮寄；对可以邮寄的包裹每件收取手续费 0.5 元，再加上根据表 3-1 按重量 weight 计算的邮资，请编写程序计算某包裹的邮寄资费。

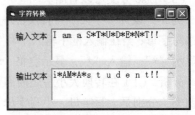

图 3-14　大小写转换程序运行界面

| 表 3-1 | 邮资标准 |
| --- | --- |
| 重量（千克） | 收费标准（元/千克） |
| weight<=10 | 1.00 |
| 10<weigh<=20 | 0.90 |
| 20<weigh<=30 | 0.80 |

分析：根据包裹的重量，分为三段，每段对应一个邮资，可以采用多分支的 If 语句实现重量与资费的判断。程序代码如下：

```
Private Sub Command1_Click()
Dim length As Single, width As Single, height As Single, weight As Single, postage As
Single
'length,width,height,weight,postage 分别代表长，宽，高，重量和邮资
Dim r As Single 'r代表收费标准
lenght = Val(Trim(Text1.Text))
width = Val(Trim(Text2.Text))
height = Val(Trim(Text3.Text))
weight = Val(Trim(Text4.Text))
'按包裹的尺寸和重量判断收费标准
If lenght > 1 Or width > 1 Or height > 1 Or weight > 30 Then '尺寸或重量超出标准值
r = -1                                      '不予邮寄
ElseIf weight <= 10 Then                    '10kg 以内
r = 1#
ElseIf weight <= 20 Then                    '10kg~20kg
r = 0.9
ElseIf weight <= 30 Then                    '20kg~30kg
r = 0.8
End If
'根据 r 值进行邮资计算
If r = -1 Then
MsgBox "包裹超重，不能邮寄", 0+64, "提示"
Else
postage = weight * r + 0.5
Text5.Text = Str(postage)
End If
End Sub
```

运行结果如图 3-15 所示。

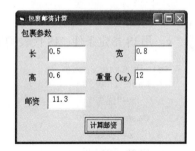

图 3-15　邮寄计算程序运行界面

### 3.3.3　Select Case 语句

Select Case 语句也称为情况语句，用来实现多分支选择结构，且与多分支 If 语句相比有更方便、直观的特点。Select Case 语句格式如下：

```
Select Case <测试表达式>
    Case <表达式列表 1>
        语句块 1
    Case <表达式列表 2>
        语句块 2
        ...
```

```
    Case <表达式列表 n>
        语句块 n
    Case Else
        语句块 n+1
End Select
```

说明：

（1）"测试表达式"可以是数值型也可以是字符串表达式。程序运行时会依次比较 Case 分支的表达式列表值与测试表达式的值，若某一分支的表达式列表值与测试表达式的值相符，则执行该分支的语句块，语句块执行完毕后 Select Case 语句便随之结束。可见，该语句与 If… Then…ElseIf 语句结构是相似的，不管语句中有多少个分支，一旦找到匹配的分支并执行后，语句立即结束。Select Case 执行流程如图 3-16 所示。

（2）表达式列表与测试表达式的类型需一致。表达式列表有 3 种形式。

a. 单值常量（数值或者字符串）。当常量间用 "，" 分隔时，为 "或" 的逻辑关系。例如：

```
Select Case month
    Case 1,3,5,7,8,10,12
        x="本月有 31 天"
    ...
End Select
```

b. 使用 To 说明数值范围，例如：

```
Select Case Score
    Case 90 To 100
        x="优秀"
    Case 80 To 89
        x="良好"
    ...
End Select
```

c. 用 IS 指定条件，IS 代表测试表达式的值。例如：

```
Select Case Score
    Case IS>=90
        x="优秀"
    Case IS>=80
        x="良好"
    Case IS>=70
        x="中等"
    Case IS>=60
        x="及格"
    Case Else
        x="不及格"
End Select
```

思考：前 4 个 Case 分支的顺序能否被打乱，为什么？

（3）一个 Case 语句中，可以应用几种表达式列表形式。例如：

```
Case 1,3,5,8 To 12,IS>15
```

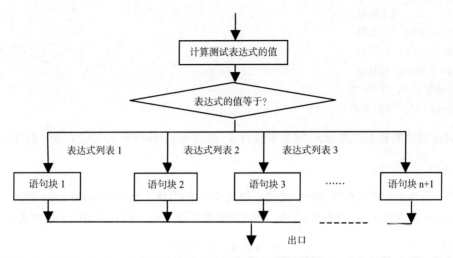

图 3-16　Select Case 语句执行流程图

例 3-11 MsgBox 函数允许显示带有一个或多个按钮的信息，而且 MsgBox 函数的返回值即是被按下的按钮值，可以赋予一个变量。可以通过返回值判断用户按下的按钮，并给出相应处理，该过程可使用 Select Case 语句实现。MsgBox 提示的信息是："是否要打开新的练习本？"，显示三个按钮，分别是 Yes（是），NO（否）和 Cancel（取消），（见图 3-17）。

程序代码如下：

```
Private Sub Form_Click()
Dim question As String
Dim bts As Integer
Dim myTitle As String
Dim myButton As Integer
question = "Do you want to open a new workbook?"
bts = vbYesNoCancel + vbQuestion + vbDefaultButton1
myTitle = "New Workbook"
myButton = MsgBox(question, bts, myTitle)
Select Case myButton
Case 6
MsgBox "open a new workbook right now"
Case 7
MsgBox "You can open a new book manually later."
Case Else
MsgBox "You pressed Cancel."
End Select
End Sub
```

运行结果如图 3-18 所示。

图 3-17　MsgBox 提示信息界面　　图 3-18　MsgBox 与 SelectCase 结合程序运行界面

例 3-12 运输公司对用户计算运费。路程（skm）越远，t/km 运费越低。标准如下。

```
S<250          没有折扣
250≤S<500      2%折扣
500≤S<1000     5%折扣
1000≤S<2000    8%折扣
2000≤S<3000    10%折扣
3000≤S         15%折扣
```

设 t/km 货物的基本运费为 p, 货物重量为 w, 距离为 s, 折扣为 d, 则总运费 f 的计算公式为:

f=p×w×s×(1-d)

分析: 折扣的变化是有规律的, 变化点都是 250 的倍数 (250 500 1000 2000 3000)。利用这一特点, 设一个参数 c, c 的值为 s/250, 即为 250 的倍数。c, s 和 d 之间的关系如表 3-2 所示。

表 3-2                        c, s 和 d 之间的关系

| c 取值范围 | s 取值范围 | d 取值范围 |
| --- | --- | --- |
| c<1 | s<250 | 0 |
| 1<=c<2 | 250<=s<500 | 2% |
| 2<=c<4 | 500<=s<1000 | 5% |
| 4<=c<8 | 1000<=s<2000 | 8% |
| 8<=c<12 | 2000<=s<3000 | 10% |
| c>=12 | s>=3000 | 15% |

求出 c 的值后, 根据 c 的取值范围找到相应的折扣, 计算运费即可。本题使用 Select Case 语句来完成程序。

程序如下:

```
Private Sub Command1_Click()
Dim p As Single, w As Single, s As Single, d As Single, f As Single
Dim c As Integer
p = Text1.Text
w = Text2.Text
s = Text3.Text
If s > 3000 Then
c = 12
Else
c = Fix(s /250)
End If
Select Case c
Case 0
   d = 0
Case 1
   d = 2
Case 2, 3
   d = 5
Case 4 To 7
   d = 8
Case 8 To 11
   d = 10
Case 12
   d = 15
End Select
```

```
f = p * w * s * (1 - d / 100)
Text4.Text = d & "%"
Text5.Text = f
End Sub
```

程序运行结果如图 3-19 所示。

图 3-19　运费计算程序运行界面

## 3.3.4　选择结构的嵌套

在一个选择分支中可以完整地包含另外一个选择结构，这种结构就叫做选择结构嵌套。前面介绍的几种选择结构的语句可以互相嵌套，灵活组合。例如，以下两种选择嵌套形式。

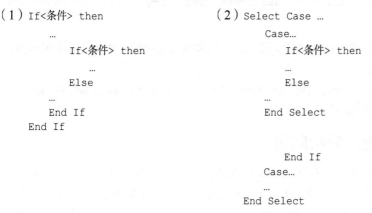

说明：

（1）几种选择结构嵌套可以灵活组合，嵌套层次也可以任意多。嵌套原则是：内层的选择结构必须完整包含在外层选择结构的分支中，不能有内外层交叉的情况。

（2）多层 If 语句嵌套时，要注意 If 与 Else 的配对原则：Else 总是与其最靠近的、未配对的 If 配对。从 Else 语句向上查找，如果遇到 End If，需要跳过一个 If，同时需要跳过单行的 If 语句。为了便于阅读和维护，建议在写含有多层嵌套的程序时使用缩进对齐的方式。

例 3-13　输入一个学生的总评成绩（大于等于 0 且小于等于 100），按分数段评定出相应的等级 'A' ～ 'E'，如果输入的成绩小于等于 0 或者大于等于 100，则输出出错信息。程序如下：

```
Private Sub Text1_keyPress(keyascii As Integer)
Dim grade As String * 1, score As Single, c As Integer
If keyascii = 13 Then
    score = Val(Text1.Text)
    If score > 100 Or score < 0 Then
        MsgBox "输入分数错误，应在 0~100 之间"
    Else
```

```
        c = Fix(score / 10)
        Select Case c
            Case 9 To 10
                grade = "A"
            Case 8
                grade = "B"
            Case 7
                grade = "C"
            Case 6
                grade = "D"
            Case Is < 6
                grade = "E"
        End Select
    End If
End If
Label2.Caption = Label2.Caption & grade & "级"
End Sub
```

运行结果如图 3-20 所示。

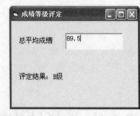

图 3-20  成绩转换程序运行界面

# 3.4 循 环 结 构

循环结构是指在给定条件（或表达式）成立时，反复执行某些程序语句或某个程序段，反复执行的程序段称为循环体。

Visual Basic 中使用 For…Next 语句，Do While/Until…Loop 语句，Do…Loop While/Until 语句和 While…Wend 语句来实现循环。

## 3.4.1  提出问题，分析问题

例 3-14  输入 20 个学生的 VB 程序设计课程的成绩，统计出 90 分以上的学生人数。

分析：循环可以看做是在某一特定条件下，反复做某件事情（某些语句）。本题中需要反复做的事情是输入学生的信息（20 次），统计 90 分以上的人数（把 20 个成绩分别与 90 比较，需要比较 20 次）。当程序中出现需要反复执行的操作时，要考虑采用循环结构解决问题。程序代码如下：

```
Private Sub Form_Click()
Dim count As Integer, score As Single, i As Integer
'输入 20 个学生的成绩，循环需进行 20 次
For i = 1 To 20
    score = Val(InputBox("输入第" & i & "个学生的成绩", "成绩输入框"))
    If i Mod 10 = 0 Then    '控制输出格式，一行输出 10 个成绩
        Print score;
        Print
    Else
        Print score;
    End If
    If score >= 90 Then
        count = count + 1
    End If
Next i
```

```
Print
Print "90 分以上的学生人数为: "; count
End Sub
```

程序运行结果如图 3-21 所示。

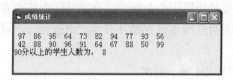

图 3-21　分数统计程序运行界面

总结：本题若不采用循环结构解决问题，需要书写输入语句 20 次，比较程序段出现 20 次。设想如果一个班级有 100 名学生，即便程序算法非常简单，书写程序的工作量也不容小觑。

### 3.4.2　For…Next 语句

For…Next 语句用于循环次数已知的循环，使用形式如下：

```
For <循环变量>=<初值> to <终值> [Step <步长>]
    <循环体>
Next <循环变量>
```

说明：

（1）当循环变量的值在初值和终值之间时，执行循环体，执行完毕后，循环变量的值加步长值，再判断此时循环变量值是否在初值和终值之间，若是，继续执行循环体。如此反复，直到循环变量的值不在初值与终值之间，结束循环。执行流程图如图 3-21 所示。

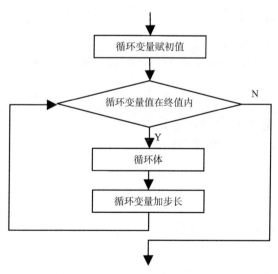

图 3-22　For…Next 语句执行流程图

（2）循环变量为必选项，用来控制循环，其数据类型通常是整型，其初值和终值均是数值型表达式。当循环结束时，循环变量的值是最后一次循环时的值加步长。

（3）步长为每次循环后，循环变量的增量。步长若为正值，则循环变量初值需小于终值；步长若取负值，则循环变量初值应大于终值；省略步长时，步长默认值为 1。若步长为"0"，循环为无限循环。

（4）Next 必须存在，结束 For 循环的定义。

（5）循环体内可以引用循环变量的值，但不要轻易给其赋值，否则会影响循环控制。

（6）如果初值、终值和步长均使用变量指定，在循环体内修改存储初值、终值和步长的变量的值不会影响循环的执行，因为这些值只在循环开始之前进行一次设定，循环执行后并不参与其中。

例 3-15 编程计算 1! +2! +3! +…+10!。

分析：求 1 到 10 十个数的阶乘和，即要求十次阶乘，然后累加求和。求阶乘的过程是重复执行的过程，且循环次数已知，所以选择 For…Next 语句实现循环。程序如下：

```
Private Sub Form_Click()
Dim i As Integer
Dim s As Long, t As Long
t = 1
For i = 1 To 10
    t = t * i
    s = s + t
Next i
Print " 1!+2!+3!+…+10!=" & s
End Sub
```

图 3-23　计算阶乘程序运行界面

程序运行结果如图 3-23 所示。

例 3-16 由随机函数产生 10 道一位整数与两位整数相加的加法题，产生的加法题依次显示在屏幕上，每产生一道题后，由用户输入答案，如果答案正确，记 10 分；如果答案错误，允许第二次输入答案，第二次输入答案正确，记 5 分，错误记 0 分。最后给出总得分。程序代码如下：

```
Private Sub Form_Click()
Randomize
Dim s As Integer, str1 As String, str2 As String
Dim i As Integer, a As Integer, b As Integer, c As Single
For i = 1 To 10
a = Int(10 * Rnd)
b = Int(10 + 90 * Rnd)
str1 = "第" & i & "题 " & a & "+" & b
c = Val(InputBox(str1$ & " 第一次回答"))
If a + b = c Then
s = s + 10
str2 = str1 & " 10分"
Else
c = Val(InputBox(str1$ & " 第二次回答"))
If a + b = c Then
s = s + 5
str2 = str1 & " 5分"
Else
str2 = str1 & " 0分"
End If
End If
Form1.Print str2
```

```
Next i
Form1.Print "总分"; s
End Sub

Private Sub Form_Load()
Form1.AutoRedraw = True
Form1.Print "加法题，第一次回答正确 10 分， "
Form1.Print "第二次回答正确 5 分"
Form1.Print "单击窗体开始"
End Sub
```

程序运行结果如图 3-24 所示。

图 3-24　加法游戏程序运行界面

## 3.4.3　Do…Loop 语句

Do…Loop 语句通常用于循环次数未知，但循环条件容易给出的循环。Do…Loop 语句实现的循环有两种，一种是当型循环，一种是直到型循环。下面分别介绍这两种循环语句。

### 1. 语法格式

| 当型循环 | 直到型循环 |
| --- | --- |
| Do While/Until…Loop 语句 | Do…Loop While/Until 语句 |
| Do {While/Until}<条件> | Do |
| 循环体 | 循环体 |
| Loop | Loop {While/Until}<条件> |

说明：

（1）两种语句的执行流程图如图 3-25 和图 3-26 所示。

（2）两种语句的相同点。

a. <条件>一般为关系表达式或逻辑表达式，也可以为数值型表达式。当表达式的值为数值时，"0" 转化为 False，其余转化为 True。

b. 当循环条件出现在 "while" 后面时，条件为 True，则执行循环体，条件为 False，则退出循环；当条件出现在 "Until" 后面时，条件为 False，则执行循环体，条件为 True，退出循环。

（3）两种循环的区别。

a. 当型循环是先判断再执行（以 While 引出条件的语句为例），即循环开始时首先判断循环条件，如条件为 True，则执行循环体。此后每执行一次循环体后都需判断条件，决定是否继续循环。

b. 直到型循环是先执行一次循环体，然后判断条件（以 While 引出条件的语句为例），即循环开始时首先执行一次循环体，然后判断循环条件，如为 True，则继续循环，否则退出循环。此后每执行一次循环体后都需要判断条件，决定是否继续循环。

c. 两种循环的区别仅在于循环开始执行时，是先判断条件还是后判断条件，开始执行后，流程是一致的。

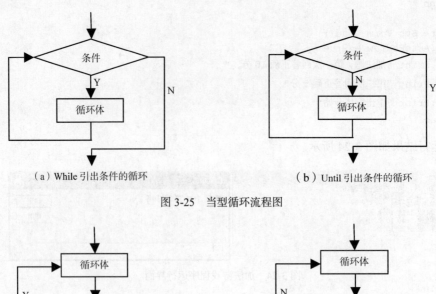

（a）While 引出条件的循环　　　　　　　（b）Until 引出条件的循环

图 3-25　当型循环流程图

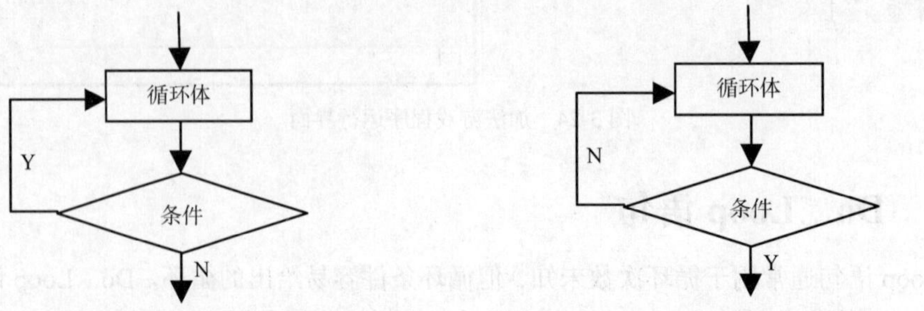

（a）While 引出条件的循环　　　　　　　（b）Until 引出条件的循环

图 3-26　直到型循环流程图

例 3-17 爱因斯坦出了一道这样的数学题：有一条长阶梯，若每步跨 2 阶，则最后剩 1 阶；若每步跨 3 阶，则最后剩 2 阶；若每步跨 5 阶，最后剩 4 阶；若每步跨 6 阶则最后剩 5 阶。只有每步跨 7 阶，最后才正好一阶不剩。请问：这条阶梯共有多少阶？本题答案不是唯一，取最小的值即可。

分析：设阶梯数为 i，根据题意，阶梯数应满足下面的等式。

每步跨 2 阶，则最后剩 1 阶，即 i Mod 2=1

每步跨 3 阶，则最后剩 2 阶，即 i Mod 3=2

每步跨 5 阶，则最后剩 4 阶，即 i Mod 5=4

每步跨 6 阶，则最后剩 5 阶，即 i Mod 6=5

每步跨 7 阶，最后一阶不剩，即 i Mod 7=0

因此，要将程序设计为循环结构，从 i 的初始值开始执行循环，每次循环结束都使 i 的值加 1，直到 i 的值使(i Mod 2=1)AND( i Mod 3=2)AND( i Mod 5=4)AND( i Mod 6=5)AND( i Mod 7=0)条件表达式值为 True 时，i 的值即为解。

程序如下：

```
Private Sub Form_Click()
    Dim i As Integer
    i = 1
    Do While Not ((i Mod 2 = 1) And (i Mod 3 = 2) And (i Mod 5 = 4) And (i Mod 6 = 5)
            And (i Mod 7 = 0))
```

```
       i = i + 1
   Loop
   Print "爱因斯坦数学题的答案是：阶梯数为" & i
End Sub
```

程序运行结果如图 3-27 所示。

图 3-27　爱因斯坦数学题程序运行界面

说明：while 后的表达式为循环条件，当满足条件!((i%2==1)&&( i%3==2)&&( i%5==4)&&( i%6==5)&&( i%7==0))时，即当阶梯数不满足"若每步跨 2 阶，则最后剩 1 阶；若每步跨 3 阶，则最后剩 2 阶；若每步跨 5 阶，最后剩 4 阶；若每步跨 6 阶则最后剩 5 阶。只有每步跨 7 阶，最后才正好一阶不剩"题意时，才执行循环体，否则结束循环。循环结束后，i 值就是要求的阶梯数。

例 3-18　改写例 3-15 的程序，使用 Do...Loop 语句实现循环。

分析：几种循环语句在某些情况下是通用的。本例使用 Do While...Loop 语句改写，程序代码如下：

```
Private Sub Form_Click()
Dim i As Integer
Dim s As Long, t As Long
t = 1: i = 1
Do While i <= 10
   t = t * i
   s = s + t
   i = i + 1
Loop
Print " 1!+2!+3!+…+10!=" & s
End Sub
```

总结：由于 For...Next 的循环变量是由 Next 自动增加步长的，但是 Do...Loop 循环没有此功能，所以要在循环体中添加专门的语句 i=i+1，使循环变量 i 的值递增，否则会成为死循环。

思考：如何使用其他 Do...Loop 语句改写例 3-14。

例 3-19　猴子吃桃问题。猴子第一天摘下若干桃子，立刻吃了一半，还不过瘾，又多吃了一个。第二天早上又将剩下的桃子吃掉一半，又多吃了一个。以后每天早上都吃了前一天剩下的一半多一个。到第 10 天早上想再吃时，就只剩一个桃子了。求第一天共摘多少个桃子。

分析：本例需采取逆向思维的方法——从后往前推，设 x1 为第一天的桃子数，x2 为第二天的桃子数（这里第一天与第二天是相对于当天而言），则二者的关系是 x1 = (x2 + 1) * 2，由从第 10 天只剩 1 个桃子开始，根据关系式依次推出第 9 天、第 8 天、第 7 天……第 1 天的桃子数。程序代码如下：

```
Private Sub Form_Click()
   Dim day As Integer, x1 As Integer, x2 As Integer
   day = 10    '从第 10 天开始
   x2 = 1
   Do While (day > 1)  '循环进行到第一天结束，此时的 x1 即为第 1 天的桃子数
```

```
        x1 = (x2 + 1) * 2
        x2 = x1
        day = day - 1
    Loop
    Print "第一天摘得桃子数是: "; x1
End Sub
```

程序执行结果如图 3-28 所示。

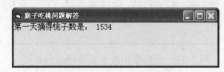

图 3-28　猴子吃桃程序运行界面

### 3.4.4　While…Wend 语句

While…Wend 语句的使用格式如下：

```
While<条件表达式>
...
Wend
```

说明：While…Wend 语句与 Do While…Loop 语句实现的循环完全相同。

例 3-20　改写例 3-19，使用 While…Wend 语句实现。程序代码如下：

```
Private Sub Form_Click()
    Dim day As Integer, x1 As Integer, x2 As Integer
    day = 10
    x2 = 1
    While day > 1
        x1 = (x2 + 1) * 2
        x2 = x1
        day = day - 1
    Wend
    Print "第一天摘得桃子数是: "; x1
End Sub
```

运行结果略。

### 3.4.5　循环的嵌套（多重循环）

在一个循环结构内，又包含了另一个完整的循环结构，这样的结构叫做循环嵌套。循环嵌套对于 For…Next、Do …Loop 以及 While…Wend 均适用。例如，下面三种形式均是正确的循环嵌套结构。

| （1）For … | （2）Do While… | （3）While… |
|---|---|---|
| ... | ... | ... |
| Do While… | For I=… | Do |
| ... | ... | ... |
| Loop | Next | Loop Until… |
| ... | ... | ... |
| Next | Loop | Wend |

说明：

（1）循环嵌套中，内层循环必须是完整地嵌套在外层循环中，不能出现交叉的情况。例如形式（1）若改写成如下形式，便是错误的。

```
For I=…
    …
    Do While…
    …
    Next
    …
Loop
```

（2）各种循环语句可以互相嵌套，自由组合。嵌套的层数亦无限制，但考虑算法执行的效率，循环嵌套层数不宜过多。以上三种形式嵌套层数为二层，亦可称为二重循环。

（3）以二重循环为例，循环嵌套执行的规律是：内层循环完整执行一遍，外层循环执行下一次循环（不包括使用 Exit 语句退出循环的情况）。

例 3-21 打印由 "*" 组成的 5 行 5 列的矩阵，如下所示：

```
* * * * *
* * * * *
* * * * *
* * * * *
* * * * *
```

分析：用下面的循环语句输出在同一行上的 5 个星号。

```
For i=1 to 5
Print "*"
Next i
```

若让该循环语句执行 5 次，每执行一次后输出一个换行，即可输出 5 行 5 列的星号矩阵。程序代码如下。

```
Private Sub Form_Click()
Dim i As Integer, j As Integer
For i = 1 To 5
    For j = 1 To 5
      Print "*";
    Next j
    Print
Next i
End Sub
```

程序运行结果如图 3-29 所示。

例 3-22　打印由 "*" 组成的三角形。

```
*
* *
* * *
* * * *
* * * * *
```

分析：本程序要输出 5 行，所以外循环与例 3-20 相同，每行的列数比上一行多一个，可看做每行的列数与该行的行号是相同的，即第 1 行有 1 列，第 2 行有 2 列，以此类推。程序如下：

```
Private Sub Form_Click()
Dim i As Integer, j As Integer
For i = 1 To 5
    For j = 1 To i
        Print "*";
    Next j
    Print
Next i
End Sub
```

运行结果如图 3-30 所示。

图 3-29  打印星号矩阵程序运行界面

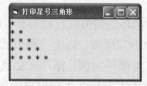

图 3-30  打印星号三角形程序运行界面

# 3.5  Exit 语句

Exit 语句用做退出 Do…Loop 循环、For…Next 循环或者 Sub 子过程和函数。对应的使用格式为 Exit Do、Exit For、Exit Sub 和 Exit Function。在循环体中如果出现 Exit 语句，则立即退出循环，继续执行循环体外的代码。图 3-31 所示为包含 Exit 语句的循环执行流程图。

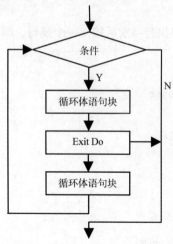

图 3-31  带 Exit 语句的当型循环流程图

例 3-23 找出 1~100 的素数。

分析：素数是指除了能被 1 和自身整除外，不能被其他整数整除的自然数。判断 N 是否是素数的基本方法是，将 N 分别除以 2,3,4…N-1，若都不能整除，则 N 为素数。简便方法是，将 N 分别除以 2~$\sqrt{N}$ 的整数，若没有能够整除 N 的数，则 N 为素数。程序如下：

```
Private Sub Form_Click()
Dim N%, i%, K%, C%
```

```
N = 1
Do While N <= 100                    '外层循环，控制 100 个数
    K = Int(Sqr(N))
    For i = 2 To K                   '内层循环对每个数进行是否是素数的判断
        If N Mod i = 0 Then Exit For
    Next i
    If i > K Then                    '输出素数
        C = C + 1
        If C Mod 6 = 0 Then          '输出格式控制，6 个素数一行输出
            Print N;
            Print
        Else
            Print N;
        End If
    End If
    N = N + 1                        '循环变量 N 递增语句
Loop
End Sub
```

运行结果如图 3-32 所示。

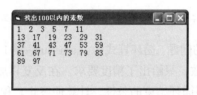

图 3-32 查找素数程序运行界面

# 3.6 综 合 练 习

例 3-24 马克思手稿里有一道有趣的数学问题：有 30 个人，其中有男人、女人和小孩，在一家饭馆吃饭共花了 50 先令：每个男人花 3 先令，每个女人花 2 先令，每个小孩花 1 先令，问男人、女人和小孩各有几人。

分析：设 x，y，z 分别代表男人、女人和小孩的人数。按题目要求，可得以下方程。

$$\begin{cases} x+y+z=30 & (1) \\ 3x+2y+z=50 & (2) \end{cases}$$

用式（2）减去式（1）得：2x+y=20    (3)

由于 x，y 的值均不能为负数，所以由(3)式可知，x 的变化范围应为 0~10。

程序代码如下：

```
Private Sub Form_Click()
Dim x As Integer, y As Integer, z As Integer, count As Integer
Print "序号", "男人", "女人", "小孩"
For x = 0 To 10
    y = 20 - 2 * x
    z = 30 - x - y
    If 3 * x + 2 * y + z = 50 And x <> 0 And y <> 0 And z <> 0 Then
```

```
        count = count + 1
        Print count, x, y, z
        Print
     End If
   Next x
End Sub
```

程序运行结果如图 3-33 所示。

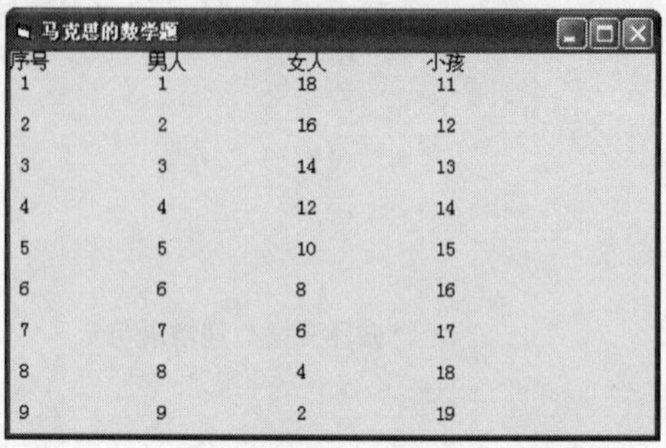

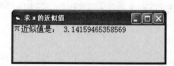

图 3-33　马克思数学题程序运行界面

例 3-25 用 $\dfrac{\pi}{4} \approx 1 - \dfrac{1}{3} + \dfrac{1}{5} - \dfrac{1}{7} + \ldots$ 公式求 π 的近似值，直到某一项的绝对值小于 e⁻⁶ 为止。

分析：这是一个求累加和的问题。循环算式为：sum=sum+第 i 项。第 i 项用变量 item 来表示。本题没有给出循环需进行的次数，只给出了精度要求。在反复累加的过程中，一旦第 i 项的绝对值小于 $10^{-6}$，即 $|t|<10^{-6}$，就达到循环结束的条件，计算便终止。程序代码如下：

```
Private Sub Form_Click()
Dim deno As Long, flag As Integer
Dim item As Double, pi As Double      'pi 用来存放累加和
flag = 1                              'flag 表示第 i 项的符号，初始为正
deno = 1                              '表示第 i 项的分母，初始为 1
item = 1#
pi = 0
Do While Abs(item) > 1 / (10 ^ 6)    '当|item| > 1 / (10 ^ 6)时进行循环
    item = flag * 1# / deno          '计算第 i 项的值
    pi = pi + item                   '累加第 i 项的值
    flag = -flag                     '改变符号，为下一次循环做准备
    deno = deno + 2                  '分母递增 2，为下一次循环做准备
Loop
pi = pi * 4
Print "π近似值是: "; pi
End Sub
```

程序运行结果如图 3-34 所示。

图 3-34　求 π 近似值程序运行界面

例 3-26 输入一行字符，统计其中有多少个单词，单词用空格或逗号分隔，字符中只包含字母、空格和逗号。

分析：该题是统计一行中的单词数，单词之间由空格或逗号分隔，若干个连续空格视为一个空格，文章开头的空格不计在内。现定义两个变量 count 和 flag。count 作为单词个数的计数器，flag 作为判别当前是否出现单词的标志，若 flag=0，表示未出现单词；若 flag=1，表示出现了单词。

如果检测出某一个字符为非空格，而它前面的字符为空格（判断 flag 的值，若 flag=0，则代表前面字符为空格；若 flag=1，则代表前面字符为非空格），则意味着新的单词开始，此时 count 累加 1，flag 值设为 1。如果当前字符为非空格，而前面的字符也为非空格，则意味着原来的单词还没有结束，count 的值不会改变，flag 的值仍保持为 1。

把输入文本框的 Multiline 属性值设为 True，可实现自动换行。

描述该算法的流程图如图 3-35 所示，程序代码如下：

```
Private Sub Command1_Click()
Dim i As Integer, count As Integer, flag As Integer, n As Integer
Dim str As String, c As String * 1
str = Trim(Text1.Text)
n = Len(str)
For i = 1 To n
    c = Mid(str, i, 1)
    If c = " " Or c = "," Then
        flag = 0
    Else
        If flag = 0 Then
            flag = 1
            count = count + 1
        End If
    End If
Next i
Label2.Caption = Label2.Caption & "语句中包含了" & count & "个单词"
End Sub
```

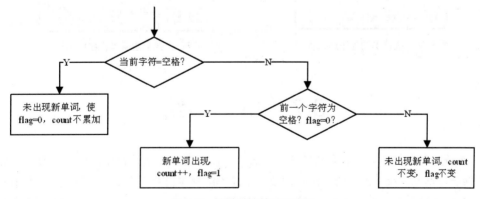

图 3-35　统计单词算法流程图

程序运行结果如图 3-36 所示。

思考：进一步完善此题。统计文本框中英文单词的个数，单词由空格、逗号、分号、感叹号、回车符、换行符作为分隔符。写出该程序的代码并上机运行。

例 3-27 一辆卡车违反交通规则，撞人后逃跑。现场有 3 人目击事件，但都没有记住车牌号，只记下车牌号的一些特征。甲说：牌照的前两位数字是相同的；乙说：牌照的后两位数字是相同的，但与前两位不同；丙是数学家，他说：4 位的车号刚好是一个整数的平方。根据以上线索求出车号。

分析：按照题目的要求设计一个前两位数相同、后两位数相同且相互间又不同的整数，然后判断该整数是否是另一个整数的平方。前两位数和后两位数可能的数字范围是 0~9，采用穷举法列出所有可能的数字，把满足条件的筛选出来。程序代码如下：

```
Private Sub Command1_Click()
Dim i As Integer, j As Integer, k As Integer, c As Integer
c = 31
For i = 0 To 9
    For j = 0 To 9
        If i <> j Then
            k = i * 1000 + i * 100 + j * 10 + j
            Do While c * c < k
                c = c + 1
            Loop
            If c * c = k Then
                Label1.Caption = "车牌号是: " & k
            End If
        End If
    Next j
Next i
End Sub
```

程序运行结果如图 3-37 所示。

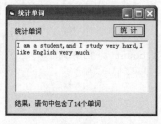

图 3-36  统计单词程序运行界面

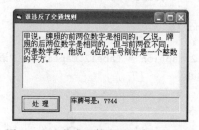

图 3-37  查找交通肇事犯程序运行界面

# 3.7  小　　结

1. 本章简单介绍了算法和算法的表示方式——流程图。算法是程序设计的灵魂，要编写一个好的程序，首先要设计出好的算法。即使一个简单的程序也要考虑好先做什么，后做什么。

2. 本章详细介绍了 3 种基本程序结构：顺序结构、选择结构、循环结构。程序一般都是由 3 种基本结构构成的。

3. 本章介绍实现选择结构的语句有 If 语句和 Select Case 语句。具体形式如下。

- If…then…
- If…Else…End If

- If…Else If…Else If…Else…End If
- Select Case…

　　　　Case…

　　　　Case…

　　　　…

　　　　Case Else…

End Select

　　选择结构的特点是：根据给定的条件成立（True）或不成立（False），决定从若干可能的分支中选择执行某一分支的程序块。选择结构在任何情况下都有"无论条件多寡，必择其一；虽然条件众多，只选其一"的特性。

　　4．几种选择结构可以互相嵌套，内层结构要完整地嵌套在外层结构的分支中，内外层之间不能有交叉。If 语句嵌套时需注意 If 和 Else 的配对原则。

　　5．本章介绍实现循环结构的语句有 4 种，分别是 For…Next 语句，Do While/Until…Loop 语句，Do…Loop While/Until 语句和 While…Wend 语句。几种循环语句的比较如表 3-3 所示。

表 3-3　　　　　　　　　　　　　　　　　几种循环语句的比较

| | For…To…<br>…<br>Next | Do While/Until…<br>…<br>Loop | Do<br>…<br>Loop While/Until |
| --- | --- | --- | --- |
| 循环类型 | 当型循环 | 当型循环 | 直到型循环 |
| 循环控制条件 | 循环变量在初值和终值之间 | 条件成立/不成立执行循环 | 条件成立/不成立执行循环 |
| 循环变量赋初值 | 在 For 语句中 | 在 Do 之前 | 在 Do 之前 |
| 改变循环变量值 | 无需专门语句，Next 自动改变循环变量值 | 循环体中需要专门语句改变循环变量值 | 循环体中需要专门语句改变循环变量值 |
| 使用场合 | 循环次数容易确定的场合 | 控制条件容易给出的场合 | 控制条件容易给出的场合 |

　　6．使用循环结构时要注意，每次执行循环体后，循环控制条件也要相应发生改变，防止出现死循环。循环体中可以使用 Exit 语句，用来强制退出循环。退出 For…Next 循环使用 Exit For，退出 Do…Loop 循环使用 Exit Do。

　　7．几种循环结构可以互相嵌套，内层循环要完整地包含在外层循环中，不能出现交叉的情况。

# 习　　题

## 一、判断题

1．用 Do-Loop While 语句实现循环时，不管条件真假，首先无条件执行循环一次。

2．在 For...Next 语句中，步长既可以是正数，也可以是负数。

3．在 Do While-Loop 和 Do-Loop While 结构中要安排修改循环条件的语句。

4．If 和 End If 关键字必须成对地使用，有一个 If 就有一个 End If 与之相对应。

5．For 和 Exit For 必须成对地使用，有一个 For 就必须有一个 Exit For 与之相对应。

6．对于 For i=0 to 5:print i:Next i 循环结构的循环次数是 5 次。

7. 如果算术表达式作为 IF 语句的判断条件，那么其值是非零，按真处理。

8. Do While 条件...Loop 和 while 条件...wend 两条循环语句，实现循环控制是等效的。

9. 使用 a=b:b=a 语句可以将变量 A 和 B 的值互换。

10. 循环和选择结构均可以嵌套。

11. IF 语句中条件表达式中只能使用关系或逻辑表达式。

12. 缺省情况下 for 语句中的步长为 1。

13. 以下循环嵌套语句是正确的。

```
For i =1 To 10
  For j=1 To 20
    …
    Next i
Next j
```

14. 以下语句将输出"AAA"。

```
If "3"="3" Then
    Print "AAA"
Else
    Print "BBB"
End If
```

15. 以下语句是正确的。

```
IF 3 Then
    …
End if
```

## 二、选择题

1. 下列赋值语句（　　）是有效的。

   A. z=x+y          B. x+2 = x + 2          C. x + y = sum          D. 5=x

2. 下列关于 do while ...loop 和 do...loop until 循环执行循环体次数的描述正确的是（　　）。

   A. do while ...loop 循环和 do...loop until 循环至少都执行一次

   B. do while ...loop 循环和 do...loop until 循环可能都不执行

   C. do while ...loop 循环至少执行一次，do...loop until 循环可能不执行

   D. do while ...loop 循环可能不执行，do...loop until 循环至少执行一次

3. 当 VB 执行下面语句后，A 的值为（　　）。

```
A=0
IF A>=0 THEN A=A+1
IF A>1 THEN A=0
```

   A. 3                B. 1                C. 0                D. 2

4. 以下哪个程序段不能正确地求出两个数中的大数（　　）。

   A. If  y>x  then  Max=y  :  Max = x

   B. IF x>y  then  Max=x  else  Max = y

   C. Max = x  :  If  y>x  then  Max = y

   D. Max = IIf(x>y, x, y)

5. 如果整型变量 a、b 的值分别为 3 和 1，则下列语句中循环体的执行次数是（　　　）。

```
For i=b to a
    Print i
Next i
```

　A．0　　　　　　　B．1　　　　　　　C．2　　　　　　　D．3

6. 由 For　k=0 to 10 step 3:next k 循环语句控制的循环次数是（　　　）。

　A．6　　　　　　　B．4　　　　　　　C．3　　　　　　　D．5

7. 语句 If x=1 Then y=1，下列说法正确的是（　　　）。

　A．x=1 和 y=1 均为赋值语句　　　　　B．x=1 和 y=1 均为关系表达式
　C．x=1 为关系表达式，y=1 为赋值语句　D．x=1 为赋值语句，y=1 为关系表达式

8. 下面程序段运行后，显示的结果是：（　　　）。

```
Dim x As Integer
If x Then Print x Else Print x+1
```

　A．0　　　　　　　B．1　　　　　　　C．-1　　　　　　　D．显示出错信息

9. 下列程序的执行结果为（　　　）。

```
a = 100: b = 50
If a > b Then
    a = a - b
Else
    b = b + a
End If
Print a
```

　A．50　　　　　　　B．100　　　　　　C．200　　　　　　D．10

10. 下面程序段的循环结构执行后，I 的输出值是（　　　）。

```
For I=1 to 10 step 2
    y=y+I
Next I
    print I
```

　A．25　　　　　　　B．10
　C．11　　　　　　　D．因为 Y 的初值不知道，所以不确定

11. 以下程序输出 1 到 1000 之间所有的偶数之和，请补充完该程序。

```
Private Sub Command_Click()
    Dim x As Double
    For I=0 To 1000
        If _____Then
            x=x+I
        End If
    Next I
    Print x
End Sub
```

　A．I Mod 2 = 0　　B．x Mod 2 = 0　　C．I Mod 2 < > 0　　D．x Mod 2 < > 0

12. 若 x 是一个正实数，对 x 保留小数点后两位小数的表达式是（　　　）。

　A．0.01*Int(x+0.005)　　　　　　B．0.001*Int(1000*(x+0.005))

C．0.01*Int(100*(x+0.005))                    D．0.01*Int(x+0.05)

13．有如下程序：

```
private sub Form_Click()
dim I as integer , sum as integer
sum=0
for I=2 to 10
   If I mod 2<> 0 and I mod 3=0 then
       sum=sum+I
   end if
next I
Print sum
End sub
```

程序运行后，单击窗体，输出结果是（       ）。

A．12              B．30              C．24              D．18

14．执行下列程序后，变量 a 的值为（       ）。

```
Dim I as integer
dim a as integer
   a=0
   for I=0 to 100 step 2
      a=a+1
   next I
```

A．1              B．10              C．51              D．100

15．x 是小于 100 的非负数，用 vb 表达式正确的是（       ）。

A．0              B．0<=x<100        C．x>=0 AND x<100   D．0<=x OR x<100

## 三、填空题

1．以下程序段的输出结果是_____。

```
Private Sub Command1_Click ()
   For n = 1 To 6
      If n Mod 3 <> 0 Then m = m + n \ 3
   Next n
   Print n, m
End Sub
```

2．执行下列程序段后，变量 s、k 的值依次为_____和_____。

```
s=0 : For k = 1 To 10 Step -2 : s = s + k : Next k
```

3．设 init 的初值为 10，则由下列循环语句控制的循环次数是_____。

```
Do While init>=5
   init=init-1
Loop
```

4．以下程序段的输出结果是_____。

```
Private Sub Command1_Click()
   Dim x As Integer
   Dim i As Integer
   Rem x=10
   For i = -10 To 20
```

```
        x = x + 1
    Next i
    Print x
End Sub
```

5．"Where" > "What"的结果是_____。

6．在窗体上画一个名称为 Command1 的命令按钮，然后编写如下事件过程，单击命令按钮，结果为_____。

```
Private Sub Command1_Click()
    Dim mstr As String
    mstr= "ABCDEFG"
    For i =1 To 2
        Print left(mstr,i);
    Next i
End Sub
```

7．在窗体上画一个名称为 Command1 的命令按钮，然后编写如下事件过程，单击命令按钮，结果为_____。

```
Private Sub Command1_Click()
    Dim a As Integer
    a = 100
    Do
        Print a
        a = a + 10
    Loop Until a > 10
End Sub
```

8．在窗体上画一个命令按钮，然后编写如下事件过程：

```
Private Sub Command1_Click()
a = InputBox("请输入一个整数")
b = InputBox("请输入一个整数")
Print a + b
End Sub
```

程序运行后，单击命令按钮，在输入对话框中分别输入 321 和 456，输出结果为_____。

9．执行下面的程序段后，s 的值为_____。

```
s = 5
For I = 2.6 To 4.9 Step 0.6
    s = s + 1
Next I
```

10．在 Visual Basic 语言中有三种形式的循环结构。其中，若循环的次数可以适先确定，可使用_____循环；若要求先判断循环进行的条件，可使用_____循环。

**四、编程题**

1．使用 InputBox 函数输入 10 个数，求出其中的最大数、最小数和平均值。

2．编程序计算 1～100 中 7 的倍数之和。

3．用 inputbox 函数输入 3 个数据，如果这 3 个数据能够构成三角形，那么计算并在窗体上输出三角形的面积。提示：（1）构成三角形的条件是：任意两边之和大于第三边。（2）三角形面积公式是：s=sqr(x(x-a)(x-b)(x-c)),其中：x=(a+b+c)/2。

4．编程计算 1+(2+2)+(3+3+3)+(4+4+4+4)+…+(20+20+…+20)的值。

# 本章实训

【实验目的】

① 熟练掌握 if 语句与各种循环语句的使用方法。

② 熟练掌握 SELECT CASE 语句的使用方法。

③ 理解各种循环语句的执行过程。

④ 学会构造循环结构。

【实验内容与步骤】

（1）以下事件过程判断文本框 text1 中的数据，如果该数据满足条件：大于 100 且能被 5 整除，则清除文本框 text2 中的内容，否则将焦点定位在文本框 text1 中，选中其中的文本并将这些文本显示在 text2 中。程序使用一个双分支选择结构实现，补全程序并上机运行。

```
private sub Command1_click()
x= val(text1.text)
if _____ then
    text2.text=""
else
    _____                      '焦点定位在文本框 1（text1）
    text1.selstart=0                  '设置选中文本的起始位置
    text1.sellength=len(text1.text)   '设置选中文本的长度
    text2.text=text1.seltext
end if
end sub
```

selstar 和 sellength 是文本框的两个属性，其中 selstar 是选定文本的开始位置，默认为 0，表示从第一个字符开始；sellength 是选定文本的长度。

（2）某加油站有 a、b、c 3 种汽油，单价分别为 7.89、8.25、8.80（元/升）。同时，提供"手动加油"一种服务方式，并给予 5%的优惠。编写程序实现功能，当用户输入加油量、汽油品种后，计算出应付款。要求程序使用 select case 语句实现。程序运行界面如图 3-38 所示。

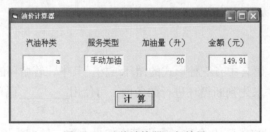

图 3-38　油价计算器运行结果

　　　　　　根据汽油的种类，select case 语句可包含 3 个分支，对应 a、b、c 3 种汽油。每个分支使用不同的单价计算汽油的总价格 m。补全下面程序并上机运行。

```
Private Sub Command_Click()
Dim t As String * 1                    't 为汽油种类
Dim c As Double, m As Double           'c 为加油量，m 为总价格
t = Text1.Text
c = Val(Text3.Text)
Select Case t                          '根据汽油种类 t 分别进行油价起算
_____
End Select
Text4.Text = str(m)
End Sub
```

（3）输入年号和月份，判断该年是否为闰年，并输出所输入月份的实际天数。程序运行结果如图 3-39 所示。

图 3-39 判断闰年运行结果

使用选择结构的嵌套实现该题。外侧为 if 语句，内层可选择 select case 语句。If 语句有两个分支，分别处理闰年和非闰年的情况。内嵌的 select case 语句用来根据输入的月份给出对应的天数。

（4）编写程序将 1~100 自然数中能被 3 和 5 同时整除的数打印出来，并统计其个数。

一个整数能被另一个整数整除的条件是，它们的模运算结果为零。该题由于循环次数已知，所以可以首先考虑 for…next 循环实现。补全程序并上机运行，并把程序改写成 Do…while 循环语句。

```
Private Sub Command5_Click()
Dim i As Integer, n As Integer
For_____
If _____Then
Print i
n = n + 1
End If
Next i
Print "1~100 自然数中能被 3 和 5 整除的个数为："; n
End Sub
```

（5）设我国现有人口 14 亿，假设每年增长率为 1%，编写程序，计算多少年后增加到 20 亿。补全程序，循环中的空白处可填写多条语句。

```
Private Sub Form_click()
Dim a As Double
Dim r As Single
Dim i As Integer
```

```
a = 14              '人口基数
r = 0.01            '增长率
i = 0               '增长的年数
Do
    _____
Loop While _____
Print i
End Sub
```

（6）打印出下面的图形。

```
*
***
*****
*******
*****
***
*
```

提示：使用循环嵌套。

# 第4章
# 数　组

编写程序时常常涉及数据的存储，前面已经介绍了把单个数据存储到变量中的方法，但实际应用中往往需要解决批量数据的处理任务。批量数据一般具有两个特点：一是数量大；二是类型相同。例如，气象站每 30 分钟测一次气温，这样每天产生气温数据 48 个；一个 30 人的班，对应的 VB 程序设计课程成绩就有 30 个，此类例子举不胜举。如果按照前面章节介绍的方法存储这类数据，势必要定义大批变量，显然是不行的。本章要介绍一个重要的数据类型——数组，可以很好地解决批量数据处理的问题。

## 4.1　数组的概念

数组是一种最基本的数据结构，可以用来存放类型相同的批量数据。如计算 10 个学生某门功课的总成绩和平均成绩，一个班的多门课程的平均成绩等，就可以通过数组来存放某门或各门课程成绩，从而简化编写大批变量代码的过程。

### 4.1.1　提出问题，解决问题

例 4-1 编程求某班 10 个同学某门课程考试的平均成绩。

分析：如果引用简单数据变量，则需要定义 10 个变量来存放 10 个同学某门课程的成绩，再求出平均成绩。

程序代码如下：

```
Private Sub Form_Click()
    Dim N%, Sum!, Ave!, a1!, a2!, a3!, a4!, a5!, a6!, a7!, a8!, a9!, a10!
    a1 = Val(InputBox("Enter a1 Number"))
    a2 = Val(InputBox("Enter a2 Number"))
    a3 = Val(InputBox("Enter a3 Number"))
    a4 = Val(InputBox("Enter a4 Number"))
    a5 = Val(InputBox("Enter a5 Number"))
    a6 = Val(InputBox("Enter a6 Number"))
    a7 = Val(InputBox("Enter a7 Number"))
    a8 = Val(InputBox("Enter a8 Number"))
    a9 = Val(InputBox("Enter a9 Number"))
    a10 = Val(InputBox("Enter a10 Number"))
    Sum = a1 + a2 + a3 + a4 + a5 + a6 + a7 + a8 + a9 + a10
```

```
      Ave = Sum / 10
      Print Ave
End Sub
```

可以看到上面的程序很冗长，如果不是求 10 个同学的平均成绩，而是 100、1000 个同学，按上述方法编写程序就会非常冗长。有没有办法能够减少编写程序的工作量呢？答案是肯定的，就是使用数组来存储此类批量数据，那么问题便迎刃而解了。

### 4.1.2　数组及数组元素

#### 1. 数组

数组是把一组具有相同属性、类型的数据组织在一起，并用一个统一的名字来作为标识。如 a(1 to 5)，表示在名为 a 的数组中包含 5 个数组元素。

#### 2. 数组元素

数组中的数据叫做数组元素。

（1）数组的表示方法。

数组名（P1，P2，…）

其中，P1、P2 表示元素在数组中的位置，称为"下标"，各数组元素是通过下标来区分的。例如，a(2)表示一维数组的第二个元素（该数组下标值从 1 开始）。

（2）数组维数。

数组维数等于数组元素的下标个数，一维数组元素的下标有一个，二维数组元素下标有两个……以此类推。Visual Basic 中最多有 60 维数组。

#### 3. 数组分类

在 Visual Basic 中，数组可按不同的方式分类：

（1）按数组的大小（元素的个数）是否可以改变来区分：定长数组、动态（可变长）数组。

（2）按数组元素的数据类型可分为：数值型数组、字符串数组、日期型数组、变体数组等。

（3）按数组的维数可分为：一维数组、二维数组、多维数组。

# 4.2　一　维　数　组

一维数组是线性结构，可以用来存放一组意义和类型相同的数据，如一天不同时段测得的气温值，一个班某门课程的所有成绩等。数组元素只有一个下标的数组称为一维数组。

### 4.2.1　提出问题，解决问题

从例 4-1 程序可以看出，简单变量是不适合存储批量数据的，需要使用数组。代码如下：

```
Private Sub Form_Click()
    Dim i%, Sum!, Ave!, a!(10)
    For i = 1 To 10
        a(i) = Val(InputBox("Enter a" & i & " Number"))
        Sum = Sum + a(i)
```

```
    Next i
    Ave = Sum / 10
    Print Ave
End Sub
```

结论：程序中引入 a(i)数组后，代码明显减少，即使同学人数从 10 扩充到 100 个，只需在该程序代码中将 10 改为 100。可以看到，数组能够很好地处理批量数据。下面将详细介绍一维数组的相关知识。

## 4.2.2　一维数组的声明

数组必须先声明后使用，声明数组就是让系统在内存中分配一个连续的区域，用来存储数组元素。

一维数组的声明格式如下。

```
Dim <数组名> （下标） As <数据类型>
或  Dim <数组名> <数据类型符>（下标）
```

说明：（1）数组名的命名规则与变量的命名规则相同。在同一过程中，不能出现同名的数组，数组名与变量名也不能相同。

（2）"下标"的一般形式为：<下界> to <上界>，用于确定数组中元素的个数。数组中元素的个数即数组的大小，为（上界-下界）+1。

（3）定义数组时，若省略下界值，则默认值为 0，即下标从 0 开始；若希望下标从 1 开始，则需指定下界值为 1，或者通过 Option Base 语句来设置。Option Base 语句用来指定数组下标的默认下界。其格式是：

```
Option Base n
```

格式中的 n 为数组下标的下界，只能是 0 或 1。

　　Option Base 语句只能出现在窗体层或模块层，不能出现在过程中，并且必须放在数组定义之前。

（4）<下界>和<上界>必须是常量，可以是直接常量、符号常量，一般是整型常量。其取值不得超过 Long 数据类型的范围（-2 147 483 648～2 147 483 647）。若是实数，系统则自动按四舍五入取整。

例如：

```
N = 10
Dim a(N) As Integer    '错误，因为 N 是变量
Const NUM = 10
Dim b(NUM) As Integer '正确，因为 NUM 是符号常量
Dim c(3.65) As String '等价于 Dim c(4) As String
```

（5）数组的类型通常在 As 子句中给出，如果省略 As 子句，则默认为 Variant 数组。数组类型指明了该数组存储的数据的类型。

下面通过举例来说明一维数组的声明，例如：

```
Dim a(3) As Integer 或 Dim a%(3)
```

上面两个语句是等价的，声明了一个名为 a 的一维整型数组，该数组包含 4 个元素，它们分别是 a(0)、a(1)、a(2)、a(3)，并且每个元素都是整型的。

```
Dim b(3 to 6) As String
```

声明了一个名为 b 的一维字符串数组，该数组包含 4 个元素，它们分别是 b(3)、b(4)、b(5)、b(6)，并且每个元素都是字符型。

在声明了数组后，Visual Basic 会自动为其中的每个元素赋初值。如果是数值型数组，则每个元素的初值都为 0；如果是字符串型数组，则每个元素都将是一个空字符串。

## 4.2.3　一维数组的基本操作

对数组的基本操作有赋值、输入输出、数组元素参与表达式运算等。

### 1. 数组元素的引用

引用数组元素采用下标法，格式如下：

数组名(下标)

其中，下标可以是整型变量、常量或表达式。

例如：设有数组定义为 Dim a(3) As Integer, b(3) As Integer，

则下面的语句都是正确的。

```
a(1)=a(2)+b(1)        '取数组元素运算，并将结果赋值给一元素
a(i)=b(i)             '下标使用变量
```

引用数组元素时有以下几点需要注意：

（1）引用数组元素时，数组名、数组类型和维数必须与数组声明时一致。

（2）引用数组元素时，下标值应在数组声明时所指定的范围之内。

（3）一个数组元素等同于一个简单变量，所以变量能够进行的操作，如存储数据、参与运算等，同样适用于数组元素。

### 2. 数组元素的输入

数组元素的值可以通过赋值语句输入，或是通过 InputBox 函数输入。一般使用 For 循环语句为数组元素赋值。

例如，通过循环给数组元素赋值：

```
For i = 1 To 20
a(i) = Val(InputBox("输入 a(" & i & ")的值=?"))
Next i
```

### 3. 数组元素的输出

例 4-2 按每行 5 个元素的格式输出数组元素。

分析：将程序代码写在 Command1 的单击事件中，数据的输入使用 InputBox 来实现，输出使用 Print 方法。

程序代码如下：

```
Option base 1
Private Sub Command1_Click()
    Dim a(20) As Integer, i%
    For i = 1 To 20
        a(i) = Val(InputBox("输入 a(" & i & ")的值=?"))
    Next i
    For i = 1 To 20
    Print a(i);
    If i Mod 5 = 0 Then Print          ' 每行打印 5 个元素
    Next i
End Sub
```

## 4.2.4　一维数组的应用

例 4-3 随机产生 10 个两位正整数，放入一数组中，按从小到大的顺序重新排列后，将原数据及排列后的数据在窗体上显示输出。

分析：程序分为三部分，第一部分是使用循环产生 10 个随机两位正整数存入数组 a 中，并将数组 a 打印输出，第二部分对数组 a 进行排序，第三部分是输出排序后的数据。

程序代码如下：

```
Private Sub Form_Click()
    Dim a(10) As Integer, i As Integer, j As Integer, b As Integer
    Print "排序前的数据: "
    '生成随机正整数存入数组中
    For i = 1 To 10
        a(i) = Int(Rnd * (99 - 10 + 1)) + 10
        Print a(i);
    Next i
    Print
    '对数组元素进行排序
    For i = 1 To 9
        For j = 1 To 10 - i
            If a(j) > a(j + 1) Then
                b = a(j)
                a(j) = a(j + 1)
                a(j + 1) = b
            End If
        Next j
    Next i
    '输出排序后的数组
    Print "排序后的数据: "
    For i = 1 To 10
        Print a(i);
    Next i
End Sub
```

结论：数组 a 的排序采用"将数组中相邻两个数比较，小的交换到前面"的思想，这也是数据排序常用的冒泡法。冒泡法步骤是：① 将数组 a(n)中相邻两个数比较，大数交换到后面，n-1 次两两相邻比较后，最大的数就被交换到最后；② 将前 n-1 个数按步骤①所述方法比较，n-2 次两两相邻比较后得到次大的数；③ 依次类推就能得到按升序排列的数组。

程序运行后的结果如图 4-1 所示。

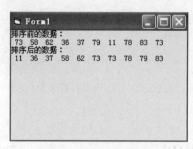

图 4-1　程序运行结果

例 4-4 统计 0～9，10～19，20～29…80～89，90～99 分数段及 100 分的学生人数。

分析：可用数组 P 来存储各分数段的人数，用 P(0)存储 0～9 分数段的人数，P(1)存储 10～19 分数段的人数……P(9)存储 90～99 分数段的人数，P(10)存储 100 分的人数。

程序代码如下：

```
Const NUM = 60          ' 声明代表班上学生人数的符号常量
Private Sub Form_Click()
    Dim a(NUM) As Integer, i As Integer
    Dim P(0 To 10) As Integer, k As Integer
    For i = 1 To NUM        '输入学生成绩，并求和
        a(i) = Val(InputBox("输入第(" & i & ")学生的成绩"))
        Print a(i);
        k = Int(a(i) / 10)
        P(k) = P(k) + 1
    Next i
    Print
    For i = 0 To 9        ' 打印输出各分数段的学生人数
        Print (i * 10) & " ~ " & (i * 10 + 9) & "的学生人数:" & P(i)
    Next i
    Print "100分的学生人数:" & P(i)
End Sub
```

结论：程序中引入符号常量 NUM 来代表班上学生的人数，这样当更换学生人数时，就只需修改符号常量 NUM 的值，而不需要对单击事件中每处出现 NUM 的地方进行修改。

# 4.3　二维数组

一个班一门课程的成绩可以用一维数组来存储，那么一个班的三门或更多门课程的成绩要怎样存储呢？可以定义与课程数相等数量的一维数组存储数据，但是这样就把这些课程成绩独立了，在有些情况下，比如计算一门课程的平均成绩时，需要从不同的数组中找出该学生的成绩进

行计算，这样显得不够"方便"。本节介绍的二维数组可以很好地解决类似数据的存储问题。二维数组采用行、列两个下标来表示数据。

## 4.3.1　提出问题，解决问题

例 4-5 设某个班共有 30 个学生，期末考试 3 门课程，请编一程序计算每门课程的平均成绩。

分析：本例需要定义一个存放学生成绩的二维数组，第一维表示某个学生，第二维表示该学生的某门课程。

程序代码如下：

```
Option Explicit
Option Base 1
Const NUM = 30, KCN = 3            '定义存放学生人数和课程数目的符号常量
Private Sub Form_Click()
    Dim x(NUM, KCN) As Single      '存放学生成绩
    Dim sum(KCN) As Single         '存放每门课的总成绩
    Dim aver(KCN) As Single        '存放每门课的平均成绩
    Dim i%, j%
    For j = 1 To KCN               '某一（第 j）门课的总成绩，累加前赋值为 0
    sum(j) = 0
    Next j
    For i = 1 To NUM
      For j = 1 To KCN
          x(i, j) = Val(InputBox("输入第" & i & "位学生的第" & j & "门课程成绩"))
          Select Case j
             Case 1                '计算第 1 门课的总成绩
                sum(j) = sum(j) + x(i, j)
             Case 2                '计算第 2 门课的总成绩
                sum(j) = sum(j) + x(i, j)
             Case 3                '计算第 3 门课的总成绩
                sum(j) = sum(j) + x(i, j)
          End Select
      Next j
    Next i
    For j = 1 To KCN
    aver(j) = sum(j) / NUM         '计算某一（第 j）门课的平均成绩
    Print "第" & j & "门课程的平均成绩为:" & aver(j) & "分"
    Next j
End Sub
```

结论：为了求出每门课程的平均成绩，引入了两个一维数组 sum 和 aver，分别用来存放某一门课的总成绩和平均成绩。

## 4.3.2　二维数组的声明

二维数组的声明格式如下：

Dim <数组名>（<下界> to <上界>，<下界> to <上界>）As <数据类型>

其中的参数含义与一维数组完全相同。

例如：Dim a(2, 3) As String

定义了一个字符型二维数组。与一维数组一样，若没有 Option Base 1 指定下标从 1 开始，则默认下界从 0 开始，所以数组 a 为 3 行、4 列的二维数组，共 3×4=12 个元素。它在内存中的存放顺序是依据 "先行后列"，即存放顺序是：

a(0,0)→a(0,1)→a(0,2)→a(0,3)→a(1,0)→a(1,1)→a(1,2)→a(1,3)→a(2,0)→a(2,1)→a(2,2)→a(2,3)

### 4.3.3 二维数组的基本操作

#### 1. 二维数组元素的引用

二维数组元素的引用与一维数组类似，都是采用下标法，引用格式为：

数组名(下标1，下标2)

下标 1 表示数组元素在二维数组中的行坐标，下标 2 表示数组元素在二维数组中的列坐标。

#### 2. 数组元素的输入/输出

数组元素可以使用赋值语句赋值，或是通过 InputBox 函数输入。在输入/输出数组元素时采用二重循环控制数组。

例 4-6 用二维数组输出如图 4-2 所示的数字方阵。

分析：数字方阵的特点是对角线上元素为 1，其他元素为 2。首先判断元素是否位于对角线上，若是，则赋值为 1，否则赋值为 2，赋值后即可输出数组。

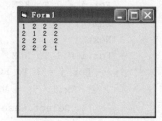

图 4-2　数字方阵

程序代码如下：

```
Private Sub Form_Click()
Dim a(4, 4) As Integer, i%, j%
    For i = 1 To 4
        For j = 1 To 4
            If i = j Then
                a(i, j) = 1          '对角线上元素赋值
            Else
                a(i, j) = 2          '非对角线上元素赋值
            End If
        Next j
    Next i
    For i = 1 To 4                    '数字方阵输出
        For j = 1 To 4
        Print a(i, j);
        Next j
        Print
    Next i
End Sub
```

结论：若要逐个处理二维数组元素，需用二重循环控制，外层循环控制行，内层循环控制列（顺序也可颠倒）。

### 4.3.4 二维数组的应用

例 4-7 建立一个 5 行 5 列二维数组，要求右上三角元素（含对角线）为 1，其余元素为 0。

分析：程序分为二大块，第一块是产生右上三角元素（含对角线）为 1，其余元素为 0 的二维数组 a，第二块输出数组 a。

程序代码如下：

```
Option Base 1
Private Sub Form_Click()
Dim a(5, 5) As Integer, i As Integer, j As Integer
For i = 1 To 5
    For j = 1 To 5
        If i <= j Then a(i, j) = 1          '右上三角元素（含对角线元素）赋值为1
    Next j
Next i
For i = 1 To 5                              '二维数组输出
    For j = 1 To 5
        Print a(i, j);
    Next j
    Print
Next i
End Sub
```

程序运行结果如图 4-3 所示。

例 4-8 编写程序，用随机函数产生 20 个两位数的整数，存于 4 行 5 列的二维数组中，将数组按矩阵形式输出到窗体上，并求出其最大元素及对应的行、列坐标。

分析：程序分为三大块，第一块是使用循环产生随机整数存入数组，然后按照 4 行 5 列的形式输出；第二块求出数组 a 中的最大元素 max 及其所在行和列数。求解最大元素的算法是：设定 max 的初始值为 a(1,1)，然后把 max 与数组元素依次进行比较，把大于 max 的元素值存放到 max 中，并同时记录下该元素对应的行列坐标。

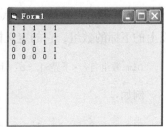

图 4-3　程序运行结果

程序代码如下：

```
Option Base 1
Private Sub Form_Click()
    Dim a(4, 5) As Integer, max As Integer, i As Integer, j As Integer, h As Integer,
l As Integer
    Randomize
    For i = 1 To 4
        For j = 1 To 5
            a(i, j) = Int(Rnd * (99 - 10 + 1)) + 10        '产生[10, 99]之间的随机整数
            Print a(i, j);
        Next j
        Print
    Next i
    max = a(1, 1)                    '设定max初始值
    h = 1
    l = 1
```

```
    For i = 1 To 4                    '计算数组 a 中最大元素及其所在的行列坐标
        For j = 1 To 5
            If a(i, j) > max Then
                max = a(i, j)
                h = i
                l = j
            End If
        Next j
    Next i
    Print "最大元素为:"; max; "位于第"; h; "行"; l; "列"
End Sub
```

程序运行后的结果如图 4-4 所示。

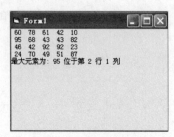

图 4-4　程序运行结果

除了一维、二维数组外，Visual Basic 还支持多维数组，多维数组是指数组元素有三个或三个以上的下标的数组，它的定义格式如下：

Dim 数组名([<下界>] to <上界>, [<下界> to ]<上界>, ...) [As <数据类型>]

例如：

```
Dim a(5,3,5) As  Integer          '声明 a 是三维数组
Dim  b(2,6,3,5) As  Integer       '声明 b 是四维数组
```

多维数组的使用与二维数组的使用大同小异，只要确定各维的下标值，就可以使用多维数组的元素了。操作多维数组常常要用到多重循环，一般每一循环控制一维下标。要注意下标的位置和取值范围。

# 4.4　动 态 数 组

在编写程序时，有时无法确定到底需要多大的数组，常常需要在程序运行时，根据用户的操作才能确定数组的大小。如果事先把数组定义得"足够大"，应用时就有可能会浪费存储空间。

动态数组提供了一种灵活有效的管理内存机制，能够在程序运行期间根据用户的需要随时改变数组的大小。

## 4.4.1　提出问题，解决问题

前面章节介绍的数组都是定长的。存储数据时，数据的个数是已知的（10 个学生成绩和 30

个学生三门课程成绩），如果学生成绩要从键盘输入，并且程序编写者事先不知有多少学生时，数组怎样定义合适呢？

例 4-9 输入一个班 VB 课程的学生成绩，计算该门课程的平均分。

分析：因为班级有多少个学生，是由用户来决定的，为解决这个问题，需定义动态数组。

程序代码如下：

```
Private Sub Form_Click()
    Dim a() As Single        '声明可变数组a
    Dim N As Integer
    Dim sum!, ave!
    N = Val(InputBox("请输入学生人数N=? "))      '输入学生个数
    ReDim a(N)               '重新定义数组a的大小
    For i = 1 To N
        a(i) = Val(InputBox("请输入第" & i & "个学生的VB课程成绩"))    '
        sum = sum + a(i)       '计算课程总成绩
    Next i
    ave = sum / N              '计算课程平均成绩
    Print "VB课程的平均分为: " & ave
End Sub
```

## 4.4.2　动态数组的定义

动态数组的定义分为两步。

（1）声明一个没有下标参数的数组，格式为：

```
说明符 <数组名>() As <数据类型>
```

"说明符"可以为 Dim，Public，Private，Static 中的任意一个。在使用过程中可以根据实际情况进行选用。

（2）引用数组前用 ReDim 语句指明数组的大小。格式为：

```
ReDim [Preserve] <数组名>(下标)
```

例：Dim a() As Integer '声明动态数组

```
ReDim a(10)             '由ReDim语句确定维数及大小
ReDim Preserve a(20)   'Preserve参数用于保留数组中原来的数据
```

说明：

① ReDim 语句是一个可执行语句，只能出现在过程中，并且可以多次使用，改变数组的维数和大小。

② 定长数组声明中的下标只能是常量，而动态数组 ReDim 语句中的下标是常量，也可以是有了确定值的变量。

例：
```
Private Sub Form_Click()
    Dim N As Integer
    N=Val(InputBox("输入N=? "))
    Dim a(N)  As Integer         '这句语句是错的
```

```
        ...
   End Sub
```

③ 在过程中可以多次使用 ReDim 来改变数组的大小，也可以改变数组的维数。

例：
```
ReDim x(10)
ReDim x(20)
x(20) = 30
Print x(20)
ReDim x(20, 5)
x(20, 5) = 10
Print x(20, 5)
```

④ 每次使用 ReDim 语句都会使原来数组中的值丢失，可以在 ReDim 后加 Preserve 参数来保留数组中的数据。但此时只能改变最后一维的大小。

例 4-10 通过输入对话框输入一批正整数，将其中的偶数和奇数分别存入数组 a 和数组 b 中，然后分别以每行 10 个输出数组 a 和 b。

分析：因为程序要处理的数据是运行时用户输入的，所以不确定会有多少奇数和偶数，所以可以定义动态的数组存放数据。程序代码写在窗体的单击事件中，输出结果显示在窗体上。

程序代码如下。

```
Private Sub Form_Click()
    Dim a() As Integer              ' 声明可变数组
    Dim os%, n%, i%
    n = Val(InputBox("输入一个正整数，输入-1 结束输入对话框"))
    Do While n <> -1                ' 当输入-1 时结束输入对话框
        If n Mod 2 = 0 Then         ' 判断是不是偶数
            os = os + 1
            ReDim Preserve a(os)     ' 重新定义数组 a 的大小，并保留原来的值
            a(os) = n
        End If
        n = Val(InputBox("输入一个正整数，输入-1 结束输入对话框"))
    Loop
    Print "输入的偶数有："
    For i = 1 To os
        Print a(i); Spc(2);
        If i Mod 10 = 0 Then Print   ' 输出 10 个数据后换行
    Next i
    Print
End Sub
```

## 4.4.3　与数组操作有关的几个函数

### 1. Ubound 函数和 Lbound 函数

通过 Ubound 函数和 Lbound 函数来确定数组的上下界，Ubound 函数用来确定数组某一维的上界值，Lbound 函数用来确定数组某一维的下界值。使用格式如下：

```
UBound(<数组名>[, <N>])
LBound(<数组名> [, <N>])
```

其中：

① 数组名是数组变量的名称。

② N 是可选的；一般是整型常量或变量。指定返回哪一维的上界。1 表示第一维，2 表示第二维，如此等等。如果省略，默认是 1。

2. Array 函数与 IsArray 函数

使用 Array 函数为数组整体赋值，但它只能给声明 Variant 的变量或仅由括号括起的动态数组赋值。赋值后的数组大小由赋值的个数决定。Array 函数使用格式如下：

数组变量名=Array(多个数组元素值)

其中，"数组变量名"是预先定义的数组名；"数组元素值"是需要赋给数组各元素的值，各值之间以逗号分开。

例如：

```
Dim a()
a=array(1,2,3,4,5,6,7)
或 Dim a
a=array(1,2,3,4,5,6,7)
```

这两种方法就是将 1,2,3,4,5,6,7 这些值赋值给数组 a 的各个元素，即 a(0)=1，a(1)=2，a(2)=3，a(3)=4，a(4)=5，a(5)=6，a(6)=7。注意，在默认情况下，数组的下标从 0 开始，若想下标从 1 开始，则应执行：Option Base 1。

 数组变量不能是具体的数据类型，只能是变体（Variant）类型。Array 函数只适用于一维数组。

IsArray 函数主要是用来判断一个变量是否为数组，其格式为：

IsArray(变量名)

函数返回值为 True 或 False。例如：

```
Private Sub Form_Click()
    Dim a
    a = Array(3, 9, 7)
    If IsArray(a) Then
      For i = LBound(a) To UBound(a)
          Print a(i)
      Next i
    End If
End Sub
```

## 4.4.4 动态数组的应用

例 4-11 随机产生 n 个（n 由用户输入）[-10,10]范围内的无序整数，存放到数组中，并显示结果；将数组中相同的数删除，只保留一个，并输出删除后的结果。

分析：程序关键问题是，找出相同的数，保留一个，其余全删掉。相同数是采用 if 语句来寻出的，如果查找的当前数是重复的数，则采用后面的数赋值给当前数，以此实现删除相同数的目的。程序代码如下：

```
Private Sub Form_Click()
    Dim a() As Integer
    Dim n%, i%, j%
    n = Val(InputBox("输入一个整数 n=?"))
    ReDim a(n)
    Form1.Cls
    Randomize
    Print "产生的" & n & "个随机整数:"
    For i = 1 To n
        a(i) = Int(Rnd * 21) - 10
        Print a(i);
        If i Mod 10 = 0 Then Print
    Next i
    Print
    '删除数组的相同数据
    j = 2
    Do While j < n
        For i = 1 To j - 1  '查找相同的元素
            If a(j) = a(i) Then Exit For
        Next i
        If i < j Then  '如果第 i 个数与前面的数据相同, 删除第 i 个元素
            For i = j To n - 1
                a(i) = a(i + 1)
            Next i
            n = n - 1
            ReDim Preserve a(n)
        Else
            j = j + 1
        End If
    Loop
    Print "删除后的数据:"
    For i = 1 To n
        Print a(i);
        If i Mod 10 = 0 Then Print
    Next i
End Sub
```

结论：由于数组个数 n 是由用户来确定，因而使用动态数组来存放数据；为解决每次删除相同数后数组大小会改变的问题，采用了 ReDim 语句，同时为保留数组中原有的非相同元素，ReDim 语句使用了 Preserve 关键字。程序运行后的结果如图 4-5 所示。

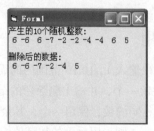

图 4-5　程序运行结果

# 4.5　小　　结

### 1．数组的概念

通常数组用来存放具有相同性质的一组数据，即数组中的数据必须是同一个类型。　数组元素是数组中的数据项，引用数组通常是引用数组元素，数组元素的使用同简单变量的使用类似。

数组可以被看做一组带下标的变量集合，系统分配一块连续的内存空间来存放数组中的元素。当所需处理的数据个数确定时，通常使用定长数组，否则应该考虑使用动态数组。

### 2．数组的声明

声明一个已确定数组元素个数的数组：

Dim 数组名 ([ 下界 To ] 上界 [,[ 下界 To] 上界 [, … ]]) As　类型关键字

声明包含数组名、数组维数、数组大小、数组类型。下界、上界必须为常数，不能为表达式或变量，若省略下界，则默认为 0，　也可用 Option Base 语句将默认下界设置为1。

声明一个长度可变的动态数组：

Dim 数组名 ( ) As　类型关键字
ReDim [Preserve ] 数组名 ([ 下界 To] 上界 [,[ 下界 To] 上界 [, … ]])

### 3．数组的操作

对数组的操作通常需要使用循环控制结构来实现。

数组的基本操作有：数组初始化、数组输入、数组输出、求数组中的最大（最小）元素及下标、求和、数据倒置等。

应用数组解决的常用问题有：复杂统计、平均值、排序和查找等。

# 习　　题

## 一、判断题

1．同一过程中，数组和简单变量可以同名。

2．定义数组语句 Dim a(b) As Integer 是正确的。

3．Dim A(6)定义了 A(1)到 A(6)共 6 个元素。

4．在 Visual Basic 中使用数组必须遵循"先定义，后使用"的原则。

5．若要定义数组下标下界默认值时，下界值为 2，则可用语句 Option Base 2。

6．定义数组语句 Dim End(20) As Integer 是正确的。

7．定义数组语句 Dim 3a(20) As Integer 是正确的。

8．数组在内存中占据一片连续的存储空间。

## 二、选择题

1．用以下语句 Dim b(1 to 4) as string 所定义的数组的元素个数是（　　）。

　A．2　　　　　　　B．4　　　　　　　C．6　　　　　　　D．7

2. 如果有数组声明 Dim a(1 to 10) As Integer，则该数组共有（　　）个元素。

    A．10　　　　　　　　B．11　　　　　　　　C．9　　　　　　　　D．不确定

3. 如果有数组声明 Dim a(10) As Integer，则该数组共有（　　）个元素。

    A．10　　　　　　　　B．11　　　　　　　　C．9　　　　　　　　D．不确定

4. 用以下语句 Dim b(-2 to 4) as string 所定义的数组的元素个数是（　　）。

    A．2　　　　　　　　B．4　　　　　　　　C．6　　　　　　　　D．7

5. 要存放如下方阵的数据，在不浪费存储空间的基础上，能实现声明的语句是（　　）。

```
1 2 3
2 4 6
3 6 9
```

    A．Dim A(9) As Integer　　　　　　　　B．Dim A(3,3) As Integer

    C．Dim A(-1 to 1,-3 to -1) As Single　　　D．Dim A(-3 to -1,1 to 3) As Integer

6. 数组声明语句 Dim a(-3 to 3, -1 to 2)中，数组 a 包含的元素个数为（　　）。

    A．24　　　　　　　　B．18　　　　　　　　C．21　　　　　　　　D．28

7. 如下语句中，不能定义包含 25 个元素的数组是（　　）。

    A．Dim arr(4,4) as integer　　　　　　B．Dim arr(4,1 to 5) as integer

    C．Option Base 1　　　　　　　　　　D．x=25

       Dim arr(5,5) as integer　　　　　　　　Dim arr(x) as integer

8. 设执行以下程序段时依次输入 1，3，5，执行结果为（　　）。

```
Dim a(4) As Integer
Dim b(4) As Integer
For k = 0 To 2
    a(k + 1) = Val(InputBox("请输入数据: "))
    b(3 - k) = a(k + 1)
Next k
Print b(k)
```

    A．1　　　　　　　　B．3　　　　　　　　C．5　　　　　　　　D．0

9. 如下数组声明语句，正确的是（　　）。

    A．Dim a[3,4] As Integer　　　　　　　B．Dim a(3,4) As String

    C．Dim a(n,n) As Single　　　　　　　　D．Dim a(3 4) As Integer

### 三、填空题

1. 有一数组定义语句：dim M(0 to 9) as integer，该语句定义的数组 M 中包含_____个元素。

2. 有一数组定义语句：dim M(-2 to 1) as string，该语句定义的数组 M 中包含_____个元素。

3. 有数组定义语句：dim I(99,99) as integer，则数组 I 中包含有_____个元素。

4. 设某个程序中要用到一个二维数组，要求数组名为 A，类型为字符串类型，第一维下标从 1 到 5，第二维下标从-2 到 6，则相应的数组声明语句为_____。

5. 数组声明时下标下界默认为 0，利用_____语句可以使下标为 1。

6. 一组具有相同名称，不同下标的变量称为_____。

### 四、编程题

1. 利用随机函数产生 40 个 100 到 500 的随机整数，单击窗体时，在窗体上输出这 40 个数，同时在窗体上显示输出从大到小排好序的这些数。

2. 把 5 名学生 4 门课的成绩（数据自定，可随机产生也可键盘输入）存放在一个二维数组中，求出每名学生的平均分存放在该数组的第 5 列，输出完整的成绩单。

3. 某班级有 50 名学生，请编程序实现输入并显示他们的姓名。

4. 某班级有 50 名学生，请编程序实现输入每个学生的家庭月收入，并统计这个班级的平均家庭月收入状况。

5. 某班级有 50 名学生，请编写程序实现输入每个学生的家庭月收入，并统计班级中家庭月收入在 2000 及以上的学生人数。

6. 学校发放助学金的标准是家庭月收入 1500 以下，某班级有 50 名学生，请编写程序实现输入每个学生的家庭月收入，并统计班级中符合发放助学金的学生人数。

# 本章实训

【实训目的】

熟练掌握数组的定义、赋值以及使用方法。

【实训内容与步骤】

（1）在一维数组中利用元素移位的方法显示如图 4-6 所示的结果。
程序代码如下：

图 4-6　元素移位

```
Private Sub Command1_Click()
    Dim a(1 To 6) As Integer, i%, j%
    Dim t%                          '定义数组元素交换的中间变量
    For i = 1 To 6
        _____               '给数组元素赋值
        Print a(i);                '输出数组元素
    Next i
    Print
    For i = 1 To 6
        t = a(6)
        For j = 5 To 1 Step -1
            _____       '将数组当前的元素移到相邻的下一位
        Next j
        _____            '将最后一个元素移到第一位
        For j = 1 To 6
            Print a(j);
        Next j
        Print
    Next i
End Sub
```

（2）新建一个工程，完成应用程序的设计。具体要求如下。

① 按照图 4-7 所示在窗体上放置控件。建立一个标签、一个文本框和两个命令按钮。

② 在文本框中输入内容，单击"开始"按钮后，把文本框中的字母按从小到大排列输出在窗体上；单击"结束"按钮即结束程序运行。

程序代码如下：

```
Private Sub Command1_Click()
    Dim a() As String, i As Integer, j As Integer, b As String, n As Integer
    n = Len(Text1.Text)
    ReDim a(1 To n)                         '重新定义数组 a
    For i = 1 To n

    _____                         '用数组来存储文本框中输入的数据

    Next i
    For i = 1 To n - 1
        For j = i + 1 To n
            If a(i) > a(j) Then

            _____                 '交换数据

            End If
        Next j
    Next i
    For i = 1 To n
        Print a(i);                          '数组输出
    Next i
End Sub
Private Sub Command2_Click()
    End
End Sub
```

（3）设一个班共有 30 个学生，期末考试 5 门课程，请编一程序评定学生的奖学金，要求打印输出一、二等奖学金学生的学号和各门课成绩。（奖学金评定标准是：总成绩超过全班总平均成绩 20%发一等奖学金，超过全班总平均成绩 10%发二等奖学金。）

需要定义一个存放学生成绩的二维数组，第一维表示某个学生，第二维表示该学生的某门课程，可以将第二维定义比实际课程数多一个，即最后一列存放该学生的总成绩。

（4）产生 20 个两位的随机整数，输出这 20 个数（以每行 5 个的形式输出这 20 个数，其中的偶数用粗体显示），找出其中的最大值和最小值，计算并输出平均值，程序运行效果如图 4-8 所示。

图 4-7　字母从小到大排列　　　　　图 4-8　找出数组的最大值、最小值及平均值

# 第5章
# 过　　程

在前面的章节中，我们学习了如何使用系统提供的事件过程来设计程序。其实用户在使用 Visual Basic 进行程序设计时，当多个不同的事件过程需要使用一段相同的程序代码，还可以把这段代码独立出来，作为一个过程。对于用户自己定义的过程，称为子过程，也叫做"通用过程"。

# 5.1　Sub 过程

在 Visual Basic 中，通用过程分为两类，即子过程和函数过程，前者叫做 Sub 过程，后者叫做 Function 过程，本节我们先讨论 Sub 过程。

## 5.1.1　提出问题，解决问题

在程序设计时，有一些语句需要反复执行。例如：例 2-2 中，要计算小王应缴纳个人的所得税，就必须用他的工资额减去 3500 元，再乘以所在等级的税率。假设某单位有 500 人，因为每个人的工资都不一样，所以这两条语句必须反复执行 500 次，才能计算这么多人的个人所得税。若计算每个人的个人所得税时，都要把这两条语句书写一次，整个程序的结构将会显得混乱无章，毫无可读性可言。此时我们就要定义一个以工资 wage 为参数的过程，为了计算不同的工资所缴纳的税额，以不同的参数 wage 调用该过程就可以计算对应的税额。具体如下：

```
Public Sub tax(wage As Double)
Dim count As Double
If wage <= 3500 Then
count = 0
Else
count = (wage - 3500) * taxrate
End If
Print "应缴纳的税额是:"; count
End Sub
```

在代码中，变量 taxrate 代表税率。

形如以"Sub"开头、以"End Sub"结束的结构我们称之为"子过程"，变量 wage 作为子过程的参数，用来接收每个人不同的工资额，一旦变量 wage 接收到了一个具体的数值，就可以计算此人应缴纳的税额了。再计算另外一个人的税额时，再调用一次此子过程即可，因此这段代码只需书写一次就可以计算所有人的税额，程序变得非常简洁和高效。

## 5.1.2　子过程的定义

子过程与事件过程有所不同，它不是由对象的某种事件激活，也不依赖于某一个对象，故子过程的定义方法与事件过程也有所区别。子过程的定义形式如下。

```
[Public | Private] [Static] Sub 子过程名 ( [形式参数列表])
    <语句块>
    [Exit Sub]
    <语句块>
End Sub
```

说明：

（1）子过程以 Sub 开头，以 End Sub 结束，中间是描述过程功能的语句序列，称为过程体。

（2）Sub 前面的 Public、Private 和 Static 用于指定过程和过程体内定义的变量的有效范围，它们的具体含义将在 5.4 节中进一步介绍。

（3）子过程名的命名规则与变量名的命名规则相同。

（4）形式参数列表的格式如下。

```
[ByVal | ByRef] 变量 [AS 类型] [, [ByVal | ByRef] 变量 [AS 类型]] [, …]
```

ByVal 表示过程被调用时，参数是按值传递的；ByRef 或默认情况下，参数是按地址传递的。"AS 类型"表示该变量的数据类型，也可以用相应的类型符代替。形式参数通常简称为"形参"，形参列表仅表示形参的类型、个数及位置顺序，定义时是没有值的，只有在过程被调用时，形参与实参相结合才获得相应的值。过程也可以没有形参，但括号不能省略。

（5）Exit Sub 语句表示退出子过程。

例 5-1 编写子过程，求两个整数的和。

```
Public Sub add(ByVal a As Integer, ByVal b As Integer)
Dim c As Integer
c = a + b
Print "c="; c
End Sub
```

形参的定义也可以用其对应的类型符代替，即 Public Sub add(ByVal a%, ByVal b%)。

## 5.1.3　子过程的建立

子过程的建立方法有两种。

### 1.　在代码编辑窗口中输入

进入代码编辑窗口后，在左侧显示对象名的下拉框中选择"通用"选项，在右侧显示过程的下拉框中选择"声明"选项，然后在输入 Sub、子过程名和形参按回车后，Visual Basic 系统自动加上 End Sub，这样就可以在中间输入子过程所需的语句，如图 5-1 所示。

### 2.　使用"添加过程"对话框

打开想要添加子过程的代码窗口，执行"工具"菜单的"添加过程"命令，打开"添加过程"对话框，如图 5-2 所示，在"名称"文本框中输入子过程名，在类型选项组中选择"子过程"单选按钮，在"范围"选项组中选择公有的（Public）或私有的（Private）。

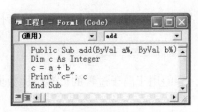
图 5-1　在代码窗口中建立子过程

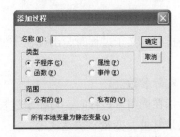
图 5-2　使用"添加过程"对话框建立子过程

### 5.1.4　子过程的调用

Visual Basic 系统中调用子过程的方法有两种：

#### 1. Call 子过程名（实参列表）

Call 语句把程序流程转到定义子过程处。使用 Call 语句调用子过程时，如果子过程本身没有形参，则实际参数和括号都可以省略，否则应给出相应的实际参数，并把它放在括号中。实际参数是指在调用子过程时传给形参的变量或常量，一般简称"实参"。

#### 2. 子过程名（实参列表）

该方法省略了关键字 Call，并且去掉了实参列表的括号。

例 5-2 编写程序调用例 5-1 定义的子过程。

代码如下：

```
Private Sub Form_Click()
Dim x As Integer, y As Integer
x = 10
y = 20
Call add(x, y)
End Sub
```

在此例子中，子过程定义了两个形参 a 和 b，在窗体的单击事件中定义两个整型变量 x 和 y，分别赋值之后，使用 Call add(x, y)语句调用子过程 add，调用时，实参 x 的值 10 传给形参 a，实参 y 的值 20 传给形参 b，调用后，程序流程转到子过程定义处继续往下执行，程序执行的结果是单击窗体时，打印"c=30"。

当然，在调用子过程时，也可以使用语句 add x,y。

在调用子过程时，实参和形参的数据类型、顺序和个数必须一一对应。

### 5.1.5　参数的传递

Visual Basic 中不同过程（模块）之间数据的传递有两种方式。

（1）通过子过程调用实参与形参结合的方式。

（2）使用全局变量来实现各过程间共享数据的方式。

本小节我们来详细讨论第一种方式，关于全局变量的使用方法将在 5.4 节中详细说明。

在前面的学习中，我们知道参数分为两种。

（1）形式参数。

它是指在定义子过程时，出现在子过程名后面圆括号内的参数，专门用于接收实参传递过来的数据。

（2）实际参数。

它是指在调用子过程时，写在子过程名后的参数，专门用于向子过程的形参传递数据。实参列表可以是常量、变量、表达式等。

在调用子过程时，必然会出现参数的传递（除非子过程定义时没有形参）。参数的传递是指主调过程的实参把数据传给被调过程的形参，传递的方式有两种。

### 1. 按值传递

按值传递是在形参的定义时在变量名前加上关键字"ByVal"，使用这种传递方式时，实参将数值传递给对应的形参。在 Visual Basic 中，系统会给形参临时分配一个内存单元，实参的值传递到这个临时的内存单元中去，即意味着实参和形参分别占用两个不同的内存单元，因此当在调用子过程时改变了形参的值，不会影响到实参本身，在子过程调用完毕返回主调过程时，临时分配给形参的内存单元被释放，实参的值不变，因此这种传递方式被称为"单向传递"。

### 2. 按地址传递

在形参定义时变量名前没有任何关键字或用"ByRef"来修饰的，是一种把实参变量的地址传递给形参的方式。传递完成时，实参和形参具有相同的地址，即实参和形参共同占用一个内存单元。子过程被调用时，形参的值如果发生改变，实参的值也会发生改变。因此这种传递方式称为"双向传递"。

例 5-3 分别编写两个子过程 swap1 和 swap2 来交换形参的值，分别用传值和传地址来实现，程序代码如下：

```
Public Sub swap1(ByVal a As Integer, ByVal b As Integer)
Dim temp%
Print "交换前的形参:"; "a="; a; "b="; b
temp = a
a = b
b = temp
Print "交换后的形参:"; "a="; a; "b="; b
End Sub
Public Sub swap2(a As Integer, b As Integer)
Dim temp%
Print "交换前的形参:"; "a="; a; "b="; b
temp = a
a = b
b = temp
Print "交换后的形参:"; "a="; a; "b="; b
End Sub
Private Sub Form_Click()
Dim x As Integer, y As Integer
x = 100
y = 200
Print "交换前的实参:"; "x="; x; "y="; y
swap1 x, y
Print "交换后的实参:"; "x="; x; "y="; y
End Sub
```

程序运行结果如图 5-3 所示，如果把 swap1 x, y 改为 swap2 x, y，运行结果如图 5-4 所示。

图 5-3　调用 swap1 的运行结果　　　　　　图 5-4　调用 swap2 的运行结果

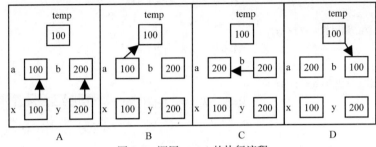

图 5-5　调用 swap1 的执行流程

在图 5-3 中可以看到，实参 x 和 y 的值在交换前后没有改变，原因是定义形参 a 和 b 时都使用了 "ByVal" 来修饰，实参把值传递给对应的形参，实参和形参分别占用两个不同的内存单元，因此形参的改变并没有影响到实参，子过程的执行流程如图 5-5 所示。

在图 5-4 中，实参的值在调用完毕之后实现了交换，原因是在定义形参 a 和 b 时没有任何关键字作说明，即实参是把地址传递给对应的形参，实参和形参共同占用一个内存单元，形参的改变自然就会引起实参的改变，子过程的执行流程如图 5-6 所示。

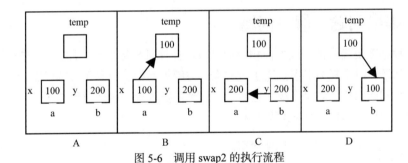

图 5-6　调用 swap2 的执行流程

注意：

（1）当按地址传递时，实参的数据类型必须与形参的数据类型一致，否则系统就会报错。当按值传递时，如果实参的数据类型与形参的数据类型不一致，系统就将实参的数据类型自动转换为形参的数据类型再进行传递参数，若实参的数据类型不能转换为形参的数据类型，系统则报错。

（2）如果实参是常量或表达式，无论形参在定义时使用 "ByVal" 还是 "ByRef" 修饰，都是按值传递的方式将常量的值或表达式的值传递给形参。

（3）如果形参在定义时使用 "ByRef" 修饰，但在调用时想把实参的值传递给形参，则可以用括号把实参括起来，使其变成表达式，这样就只能按值传递了。

例 5-4 有以下程序 3 次调用子过程 add，请分析运行结果。

```
Private Sub add(x As Integer)
x = x + 1
```

```
Print "调用后 x="; x;
End Sub

Private Sub Form_Click()
Dim a As Integer
a = 40
Print "第一次: 调用前 a="; a;
add a                          '实参是变量, 按地址传递
Print "a="; a
Print "第二次: 调用前 a="; a;
add (a)                        '实参是表达式, 按值传递
Print "a="; a
Print "第三次: 调用前 a="; a;
add a + 1                      '实参是表达式, 按值传递
Print "a="; a
End Sub
```

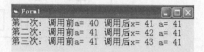

运行结果如图 5-7 所示，请各位读者自行分析。　　　　　　　　图 5-7　例 5-4 的运行结果

# 5.2　函 数 过 程

Visual Basic 包含许多内部的函数，如 Sqr、Val 和 Chr 等，用户在编程时，只需写出函数名并给定参数就可以求出函数值。当用户经常用到某一公式或处理某些函数关系，而又没有现成的函数可供调用时，就要自己定义一个函数来处理这些问题。

## 5.2.1　提出问题，解决问题

假设某段程序需要经常计算圆的面积，而且每次计算时半径都不一样，5.1 节所讲的子过程就能处理这个问题，以半径为形参定义子过程来求解圆的面积，只是子过程没有返回值，主调过程根本无从知晓圆的面积到底是多少。这时就要用到函数过程，函数过程与子过程最大的不同在于它必须返回一个值，这时程序就可以这样写：

```
Private Function area(r As Double)
Dim s As Double
s = 3.14 * r * r
area = s
End Function
```

读者这时一定会发现，这段代码与定义子过程的代码极其相似，没错，这也是一个过程，不过这是一个带有返回值的过程，我们把这种过程称为"函数过程"。函数过程定义时只需把子过程的"Sub"改成"Function"，且在函数中一定会出现形如"area = s"这样把一个表达式赋给函数名的语句，这条语句就是把表达式的值返回给主调过程。

## 5.2.2　函数过程的定义

函数过程的定义形式如下：

[Public | Private] [Static] Function 函数名（[形式参数列表]）[As 类型]

```
<语句块>
[函数名=返回值]
[Exit Function]
<语句块>
[函数名=返回值]
End Function
```

说明：

（1）函数名的命名规则与变量名的命名规则相同，但是不能与系统的内部函数或其他通用子过程同名。

（2）形参列表的定义与子过程完全相同。

（3）As 类型是指函数返回值的类型。

（4）在函数中，函数名可以当成变量使用，函数的返回值是通过对函数名的赋值实现的，所以在函数过程中至少要有一条语句对函数名进行赋值。若"函数名=返回值"省略，则函数返回默认值，数值函数过程返回 0，字符串函数过程返回空字符串。在函数过程定义中尽量给函数名赋值，以完成函数所具备的功能或指定操作。

例 5-5 编写函数过程求 1~n 的累加。

程序代码如下：

```
Private Function add(n As Integer) As Integer
Dim i As Integer, sum As Integer
sum = 0
For i = 1 To n
sum = sum + i
Next i
add = sum
End Function
```

## 5.2.3　函数过程的调用

函数过程的调用方法与其他系统内部函数的调用方法相同，即函数名后接实参列表，形式如下：

函数名(实参列表)

例 5-6 在窗体的单击事件中调用例 5-5 的程序求 1~100 的和。

程序代码如下：

```
Private Sub Form_Click()
Dim a As Integer
a = add(100)
Print "1 到 100 的和为:"; a
End Sub
```

注意：函数过程的调用如果与赋值符号一起使用，它只能出现在赋值符号的右边，意思是把函数过程的返回值赋给左边的变量。在本例中，也可以把输出语句写为：

```
Print "1 到 100 的和为:"; add(100)          '直接输出函数返回值
```

# 5.3 过程的嵌套与递归调用

在子过程和函数过程的讨论中，我们都是在系统过程中调用用户自定义的过程，那么我们不禁要提问：在用户自定义的两个子过程或函数之间，能否实现相互调用呢，本节我们来解决这个问题。

## 5.3.1 提出问题，解决问题

阶乘是一个重要概念，比如数学上定义 4 的阶乘 4! =4×3!，假如我们定义子过程 Fact(n As Integer)来计算 n!，那么应该写成 VB 表达式 n! =n*(n-1)!，但是(n-1)! 又该如何计算它的结果呢？是不是还要再写子过程 Fact(n-1 As Integer)来计算呢？其实大可不必，因为(n-1)! 的计算方法和 n! 的计算方法是类似的，只是参数不同而已，因此在计算(n-1)! 时可以再一次调用子过程 Fact(n As Integer)，这样在调用子过程当中如果又调用其他的子过程，把这种结构称为过程的嵌套调用，而调用其他的子过程恰好又是它本身时，则称之为递归调用。

## 5.3.2 过程的嵌套调用

在 Visual Basic 中，定义过程时，不能在其还没有定义完毕时又定义另一个过程。但是可以在调用过程时，一个过程还没有调用完毕又去调用另外一个过程是合法的，这种程序的结构称为过程的嵌套调用。过程的嵌套调用的执行流程如图 5-8 所示。

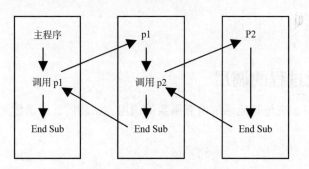

图 5-8　过程的嵌套调用执行流程

图 5-8 清楚地表明了主程序或子过程遇到调用子过程时就转去执行子过程，而主调过程后面的程序要等到子过程执行完毕返回后才得到继续执行。

## 5.3.3 过程的递归调用

递归是数学上的一个重要分支，我们常常采用递归来定义一些概念，例如自然数 $n$ 的阶乘就是用递归来定义的：

$$n! = \begin{cases} 1 & n = 0 \\ n \times (n-1)! & n > 0 \end{cases}$$

递归是指一个过程直接或间接地调用自己，它在算法描述中具有不可替代的作用，很多看似非常复杂的算法使用递归来描述时显得非常简洁。

例 5-5 利用递归计算 4! 的值。

```
Private Function fact(n As Integer) As Integer
If n = 1 Or n = 0 Then
fact = 1
Else
fact = n * fact(n - 1)
End If
End Function
Private Sub Form_Click()
Print "4! ="; fact(4)
End Sub
```

用递归处理问时一般可以分为递推和回归两个过程，如图 5-9 所示。

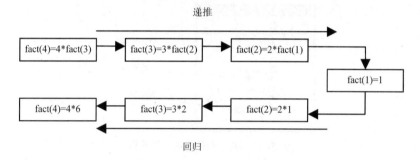

图 5-9　过程的递归调用执行流程

# 5.4　过程与变量的作用域

在 Visual Basic 中，应用程序由若干过程组成，这些过程一般保存在窗体文件（.frm）或标准模块文件（.bas）中。而变量在过程中又是必不可少的，根据变量和过程定义时所处的不同位置，它们的可使用范围是不相同的。本节我们将讨论过程与变量的使用范围，我们把这个范围称为作用域。

## 5.4.1　提出问题，解决问题

当在 VB 应用程序中定义了多个过程和变量时，这些过程和变量是否在程序的任何地方都可以任意使用呢？当然不是，每个过程和变量都存在自己的作用域，若过程和变量在它的作用域之外使用，程序会出现意想不到的结果，这是我们需要格外注意的。

## 5.4.2　过程的作用域

### 1. VB 工程的组成

一个 Visual Basic 工程至少包含一个窗体模块，根据用户需要还可以包含若干模块和类模块。一个 Visual Basic 工程的结构如图 5-10 所示。

VB 将代码存储在窗体模块、标准模块和类模块中。这 3 个模块形成了工程的模块层次结构，可以较好地组织工程，同时也便于代码的编辑与维护，如图 5-11 所示。

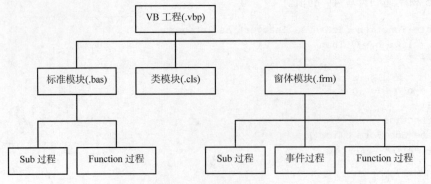

图 5-10　VB 工程的结构

图 5-11　VB 工程模块的组织结构

（1）窗体模块。

每个窗体对应一个窗体模块，它包含窗体及控件的属性设置、事件过程、子过程、函数过程以及变量、常量的声明等内容。窗体模块文件的扩展名是.frm。

（2）标准模块。

简单的应用程序通常只需一个窗体，这时所有的代码都存放在该窗体模块中。当程序非常庞大时，就需要多个窗体。在多窗体的应用程序中，有些子过程或函数需要在多个窗体中共享，为了避免在需要调用这些过程的窗体中重复输入，就应该创建标准模块，把公共代码置于其中。标准模块文件的扩展名是.bas。

关于多窗体和多模块的更多讨论见 5.5 节。

（3）类模块。

类（class）是面向对象编程的基础。用户可以类模块中编写代码建立新对象，这些对象可以包含自定义的属性和方法，并可用于应用程序内的过程。类模块文件的扩展名是（.cls）。

关于类模块的用法，属于 Visual Basic 的高级编程技术，本书不作深入介绍。有兴趣的读者可以查阅系统的帮助文档或其他相关资料。

2. 过程的作用域

在 Visual Basic 中，过程的作用域分为模块级（窗体级）和全局级（工程级）。

模块级的过程在 Sub 或 Function 前加 Private，该过程只能被本窗体或本模块中的过程调用。

全局级的过程在 Sub 或 Function 前加 Public，或不加任何关键字，该过程就可以被本工程中任何窗体和模块的任何过程调用。

过程的作用域的详细说明见表 5-1。

表 5-1                                        过程的作用域说明

| 作用范围 | 模块级 | | 全局级 | |
| --- | --- | --- | --- | --- |
| | 窗体 | 标准模块 | 窗体 | 标准模块 |
| 定义方式 | 过程名前加 Private | | 过程名前加 Public | |
| 是否能被本模块的其他过程调用 | 是 | 是 | 是 | 是 |
| 是否能被本工程中其他模块调用 | 否 | 否 | 是，但必须在过程名前加窗体名，例：Call Form1.Add(a,b) | 是，但过程名必须唯一，否则在过程名前加模块名，例：Call Module1.Add(a,b) |

### 5.4.3　变量的作用域

根据定义的位置及所使用的定义语句的不同，Visual Basic 可将变量分为 3 种类型，分别是局部变量、窗体/模块级变量和全局变量。

（1）局部变量。

在一个过程的内部使用 Dim 或 Static 来声明的变量叫做局部变量，它的作用域是它所在的过程，因此局部变量也称为"过程级变量"。另外，过程的形参也看做是该过程的局部变量。

（2）窗体/模块级变量。

在窗体或模块的通用声明部分使用 Dim 或 Private 来声明的变量，称为窗体/模块级变量。这种变量可以被本窗体或本模块的任何过程使用，但不能被其他模块或窗体访问。

（3）全局变量。

在窗体或模块的通用声明部分使用 Public 来声明的变量，称为全局变量。它的作用域是整个应用程序，即本工程中任何过程都可以访问和改变它的值。

使用全局变量在一定程序上实现了各个模块和过程间的数据共享，但是全局变量的值在一个过程中被改变了，则其他过程再访问时，得到的是改变之后的值，这给程序设计带来了许多意外的风险。因此除非特殊情况，否则一般情况下尽量少用全局变量，多用局部变量，使变量的作用域缩小，以利于程序的调试，如果需要在各过程间实现数据共享，可以使用参数传递来实现。

3 种不同变量的作用域说明如表 5-2 所示。

表 5-2                                        变量的作用域说明

| 名称 | 作用域 | 声明位置 | 使用语句 |
| --- | --- | --- | --- |
| 局部变量 | 本过程内 | 过程中 | Dim 或 Static |
| 窗体/模块级变量 | 本窗体或本模块 | 窗体/模块的"通用声明"段 | Dim 或 Private |
| 全局变量 | 整个应用程序 | 窗体/模块的"通用声明"段 | Public |

（4）关于变量同名的处理方法。

不同过程内部的局部变量可以同名，它们的作用域不同，因此没有名字冲突的问题。如果局部变量与窗体/模块级变量或全局变量同名时，则在定义该局部变量的过程中优先访问该局部变量，要在该过程中访问全局变量时，应在变量名前加上全局变量所在窗体或模块名。

例 5-6 局部变量与全局变量的区别。

```
Public a As Integer    '定义全局变量
Private Sub Form_Load()
```

```
a = 5                        '给全局变量赋值
End Sub
Private Sub Form_Click()
Print a                      '打印全局变量
End Sub
Private Sub Command1_Click()
Dim a As Integer             '定义局部变量
a = 10                       '给局部变量赋值
Print a                      '打印局部变量
Print Form1.a                '打印全局变量
End Sub
```

### 5.4.4　变量的生存期

从变量的作用空间来看，变量有作用域。从变量的作用时间来看，变量有生存期。

（1）动态变量。

动态变量是指程序运行进和变量所在的过程时，才分配该变量的存储空间。换言之，只有该过程被调用时，系统才为动态变量分配存储空间。当调用结束后，动态变量的存储空间被系统收回，其值消失。下次调用时，系统又重新为其分配存储空间。因此动态变量的生存期就是过程的调用期。

一般情况下使用 Dim 声明的局部变量都是动态变量。

（2）静态变量。

窗体/模块级变量和全局变量在整个程序运行期间都可以被其作用域内的过程访问，所以它的生存期是程序的运行期。

静态变量是指它所在的过程被调用时，由系统分配存储空间，当调用结束后，系统并不回收它的存储空间，即它的值仍然被保留。当再次调用该过程时，静态变量的值仍然是上次调用结束时的值。

使用 Static 声明的局部变量都是静态变量。

例 5-7 下面程序说明了静态变量的作用。

```
Private Sub Command1_Click()
Static num As Integer
num = num + 1
Print "单击"; num; "次"
End Sub
```

图 5-12　例 5-7 的运行结果

程序的运行结果如图 5-12 所示。

在该例中，定义了一个静态变量 num 来记录单击命令按钮的次数，每次单击时 num 值都会在上次结果的基础上加 1。

请各位读者自行分析若把 "Static num As Integer" 语句改成 "Dim num As Integer"，结果会如何。

# 5.5　多重窗体程序设计

对于复杂的应用程序而言，单个窗体往往无法满足程序的需要，这时程序就要建立多个窗体来完成不同的任务或模块。

本节介绍多重窗体程序设计的方法。

### 5.5.1　多重窗体程序的建立

多重窗体的应用程序包含多个窗体，因此单个窗体的程序设计是多重窗体程序设计的基础。

（1）添加窗体。选择"工程"菜单的"添加窗体"命令，弹出"添加窗体"对话框，如图5-13所示。在此对话框中可以选择窗体或其他类型的窗体，新建一个工程时会有一个默认的窗体Form1，这时建立一个新的窗体系统将其名称设置为Form2，以此类推。

（2）删除窗体。在资源工程管理器中右键单击要删除的窗体，选择"移除<窗体名>"，即可从工程中删除一个窗体。

（3）保存窗体。选择"文件"菜单的"保存<窗体名>"或"<窗体名>另存为"命令就可以保存当前窗体。如果是新建的工程，还可以选择"文件"菜单的"保存工程"或"工程另存为"命令，系统将弹出对话框保存工程中的各个文件。

（4）工程资源管理器。该管理器位于系统界面的右上角，主要用于对工程中各窗体进行添加、保存、删除、查看属性等操作，如图5-14所示。

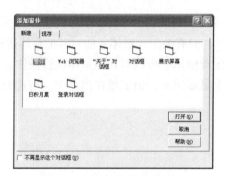

图5-13　"添加窗体"对话框

图5-14　工程资源管理器

### 5.5.2　多重窗体程序的启动

对于多重窗体的应用程序，必须指定其中某个窗体作为程序运行时的启动窗体，默认情况下第一个建立的窗体为启动窗体。若要指定其他窗体为启动窗体，可以选择"工程"菜单中的"<工程名>属性"命令，弹出"工程属性"对话框，点击"通用"选项卡，在"启动对象"的下拉列表框中选择作为启动窗体的窗体名，如图5-15所示。

图5-15　"工程属性"对话框

### 5.5.3　多重窗体程序的执行

在多重窗体的设计中，需要打开、关闭、隐藏或显示某些窗体，这可以通过相应的语句和方法来实现，下面逐一介绍。

（1）加载窗体。加载是指把一个窗体装入内存。加载之后，就可以引用窗体中的控件及各种属性，但此时窗体尚未显示。加载的语句是：

```
Load 窗体名
```

其中，窗体名是窗体的 Name 属性。

（2）卸载窗体。卸载与加载刚好相反，它是指把窗体从内存中清除。格式如下：

```
Unload 窗体名
```

（3）显示窗体。窗体被加载后，并没有马上显示出来，要通过专门的语句来显示窗体，格式如下：[窗体名．]Show [模式]

Show 方法兼有加载与显示双重功能，即若窗体不在内存中，执行 Show 方法时，系统先加载窗体然后显示出来。

"模式"是用于确定窗体的状态，取值有 0 和 1。当取值为 1 时，表示此窗体为模态型窗体，只有该窗体为活动窗体，其他窗体不能同时显示，只有关闭此窗体才能对其他窗体进行操作。当取值为 0 时，此窗体为非模态型窗体，不用关闭此窗体也可以对其他窗体进行操作。

（4）隐藏窗体。隐藏是指使窗体不在窗体上显示出来，但仍然在内存中。格式为：

```
窗体名. Hide
```

### 5.5.4　多重窗体程序的应用

例 5-8 设计一个简单的 QQ 登录界面，输入正确时显示第 2 个窗体。
界面如下：

图 5-16　登录窗体

图 5-17　主窗体

代码如下：

```
Private Sub Command1_Click()
Text1.Text = ""
Text2.Text = ""
End Sub
Private Sub Command2_Click()
If Text1.Text = "123456" And Text2.Text = "000" Then
    Me.Hide
    Form2.Show
Else
```

```
    MsgBox "对不起,密码错误!"
    Text2.Text = ""
    Text2.SetFocus
End If
End Sub
```

说明:本例子模拟一个简单的 QQ 登录界面,当用户把 QQ 号码和密码都正确输入时,系统将自动跳转到第二个窗体;当用户输入错误时弹出一个对话框,告之密码错误,并把密码框自动清空方便用户再次输入。

# 5.6 小　　结

本章主要介绍了两类自定义过程,即子过程和函数过程。前者没有返回值,而后者必须返回一个值。

参数的传递有按值传递和按地址传递两种方式,前者是把实参的值传给形参,而后者是把实参的地址传递给形参。用户应该根据程序的需要自主选择传递方式。

过程可以分为模块级过程和全局级过程。变量按作用域可以分为 3 类,其中局部变量只有在定义该变量的过程内才能被访问,而窗体/模块级变量可以在该窗体或模块中被访问,全局变量则在整个应用程序中都可以被访问。

一个复杂的 Windows 应用程序往往包含多个窗体,多重窗体的程序设计是基于单个窗体的,系统将会在各个窗体之间来回跳转以完成系统规定的任务或功能。

# 习　　题

**一、判断题**

1. 定义 Sub 过程时一定要有形式参数。
2. 过程可以直接或间接地调用自身。
3. 调用过程时实参是变量名,则它一定是按地址传递的。
4. 如果在过程调用时使用按值传递参数,则在被调过程中可以改变实参的值。
5. 过程中的静态变量是局部变量,当过程再次被执行时,静态变量的初值是上一次过程调用后的值。

**二、选择题**

1. 使用过程编写程序主要是为了(　　)。
   A. 使程序模块化　　　　　　　　B. 使程序易于阅读
   C. 提高程序运行速度　　　　　　D. 便于系统的编译
2. 下列关于函数说明正确的是(　　)。
   A. 定义函数过程时,若没有用 As 子句说明函数的类型,则函数过程与 Sub 过程一样,都是无类型过程
   B. 在函数体中,如果没有给函数名赋值,则该函数过程没有返回值

C. 函数名在过程中只能被赋值一次

D. 函数过程是通过函数名返回函数值的

3. 过程调用语句中，被调用的过程一定是 Sub 过程的语句是（　　）。

A. fun (x,y)                        B. Call fun(x,y)

C. Print fun (x,y)                D. x= fun (x,y)

4. 设有子过程 fun，下列调用语句中，按地址方式传递数据的语句是（　　）。

A. Call fun (x)                     B. Call fun (12)

C. Call fun (x*x)                D. Call fun (12/x)

5. 下列有关过程的说法中，错误的是（　　）。

A. 在 Sub 或 Function 过程内部不能再定义其他 Sub 或 Function 过程

B. 对于使用 ByRef 说明的形参，在过程调用时形参和实参只能按地址方式传递

C. 递归过程既可以是递归 Function 过程，也可以是递归 Sub 过程

D. 可以像调用 Sub 过程一样使用 Call 语句调用 Function 过程

6. 以下说法正确的是（　　）。

A. 过程的定义可以嵌套，但过程的调用不能嵌套

B. 过程的定义不可以嵌套，但过程的调用可以嵌套

C. 过程的定义和过程的调用均可以嵌套

D. 过程的定义和过程的调用均不能嵌套

7. 过程级的变量属于（　　）。

A. 全局变量      B. 静态变量         C. 局部变量           D. 变体变量

8. 以下程序的输出结果是（　　）。

```
Private Function Func(ByVal x As Integer, y As Integer) As Integer
y = x * y
If y > 0 Then
    Func = x
Else
    Func = y
End If
End Function
Private Sub Command1_Click()
Dim a As Integer, b As Integer
a = 3
b = 4
c = Func(a, b)
Print "a="; a
Print "b="; b
Print "c="; c
End Sub
```

A. a=3 b=12 c=3    B. a=3 b=4 c=3       C. a=3 b=4 c=12       D. a=13 b=12 c=12

9. 以下程序的输出结果是（　　）。

```
Public Function p1(x As Single, n As Integer) As Single
If n = 0 Then
p1 = 1
Else
If n Mod 2 = 1 Then
```

```
p1 = p1(x, n \ 2) * x
Else
p1 = p1(x, n \ 2) \ x
End If
End If
End Function
Private Sub Command1_Click()
Print p1(3, 7)
End Sub
```

  A．3      B．27     C．10       D．6

10．以下语句可以隐藏窗体 Form1 的是（  ）。

  A．Form1.Hide         B．Form1.Visible=True

  C．Unload Form1        D．Form1.Show

## 三、填空题

1．以下程序的输出结果是＿＿＿＿＿＿＿。

```
Public Sub Procl(n As Integer, ByVal m As Integer)
n = n Mod 10
m = m / 10
End Sub
Private Sub Command1_Click()
Dim x As Integer, y As Integer
x = 12
y = 34
Call Procl(x, y)
Print x; y
End Sub
```

2．以下程序的输出结果是＿＿＿＿＿＿＿。

```
Sub s(x As Single, y As Single)
t = x
x = t / y
y = t Mod y
End Sub
Private Sub Command1_Click()
Dim a As Single
Dim b As Single
a = 5
b = 4
s a, b
Print a, b
End Sub
```

3．以下程序的输出结果是＿＿＿＿＿＿＿。

```
Sub p1(x As Integer, ByVal y As Integer)
x = x + 10
y = y + 20
End Sub
Private Sub Command1_Click()
Dim a As Integer, b As Integer
a = 20
b = 50
```

```
p1 a, b
Print "a="; a, "b="; b
End Sub
```

4. 以下程序的输出结果是_____。

```
Private Sub Command1_Click()
Dim x As Integer, y As Integer
Dim n As Integer, z As Integer
x = 1
y = 1
For n = 1 To 6
z = func1(x, y)
Print n, z
Next n
End Sub
Private Function func1(x As Integer, y As Integer) As Integer
Dim n As Integer
Do While n <= 4
x = x + y
n = n + 1
Loop
func1 = x
End Function
```

## 四、编程题

1. 输入一串字符，然后将其反序输出，例如输入"Hello"，则输出"olleH"。
2. 设计一个程序用户输入密码的错误次数，如果超过 3 次，则强行关闭窗体。

# 本章实训

【实训目的】

① 熟悉掌握子过程的定义方法及调用方法。

② 熟悉掌握函数的定义方法及调用方法。

【实训内容与步骤】

（1）编写一个函数过程，判断一个数是不是完数。完数是指该数恰好等于它的因子之和，如 6=1+2+3，仔细阅读下面的程序及注释，并根据题意填空。

```
Public Function wanshu(n As Integer) As Boolean
Dim i As Integer              '定义循环变量
Dim sum As Integer            '定义求和变量
_____                    '求和变量赋初值
For i = 1 To n - 1            '循环从 1 到 n-1
    If n Mod i = 0 Then       '对于每个 i，都对 n 求余
    _____                'i 若是 n 的因子，则加求和
    End If
Next i
If sum = n Then
_____                    '若求和的值等于 n 本身，则返回真
```

```
Else
    wanshu = False          '若求和的值不等于 n 本身，则返回假
End If
End Function
```

（2）编写一个子过程，输出以下图形，仔细阅读下面的程序及注释，并根据题意填空。

```
*
**
***
****
*****
Private Sub shape()
Dim i As Integer, j As Integer
For i = 1 To 5              '外循环控制行数
                           '内循环控制列数，第 i 行有 i 列
        Print "*";          '输出*号
    Next j
                           '每行输出完毕则换行
Next i
End Sub
```

（3）分别设计一个求矩形面积的函数和一个求正方形面积的函数，如图 5-18 所示，当输入长方形的长和宽并点击"求矩形的面积"按钮时，在矩形组合框的面积文本框中输出其面积；当输入正方形的边长并点击"求正方形的面积"按钮时，在正方形组合框的面积文本框中输出其面积。

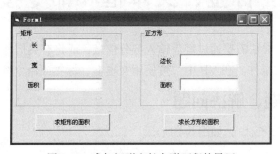

图 5-18　求解矩形和长方形面积的界面

# 第6章
# 常用控件与事件

在 VB 语言中，控件是用户界面的基本要素，是进行可视化程序设计的重要基础，它不仅关系到界面是否友好，还直接关系到程序的运行速度以及整个程序的好坏。每个控件都具有它的属性、方法和事件，设计窗体就必须很好地掌握控件的事件和应用方法。

VB 中的控件分为两种，即标准控件（或内部控件）和 ActiveX 控件。内部控件是工具箱中的 "常驻" 控件，始终出现在工具箱里，而 ActiveX 控件是扩展名为.ocx 的文件，它是根据编程需要添加到工具箱里的，有了这些控件作为程序设计的工具，就能设计出功能更强、更加丰富多彩的应用程序。

## 6.1 标签、文本框和命令按钮

程序在运行过程中，往往需要通过键盘输入部分信息，或将有关信息显示在屏幕上，或根据用户的操作来执行相应的事件。在 VB 中，可使用文本框、标签或命令按钮来实现这些功能。

### 6.1.1 提出问题，解决问题

例 6-1 设计一用户登录窗口，如图 6-1 所示。

分析：窗体上总共有 6 个对象，这些对象分别有文本框、标签和命令按钮。在设计时，用文本框来输入数据，用标签来显示 "用户名:" 和 "密码:" 内容，用命令按钮来实现确定和取消操作。

结论：标签是用来显示文本的控件，文本框是用来接收用户输入并显示输入信息的控件，命令按钮是用来实现命令的启动、中断、结束等操作的控件。

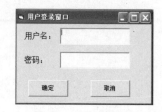

图 6-1 用户登录窗口

### 6.1.2 标签控件（Label）

在 Windows 应用程序的各种对话框中，都显示有一些文本提示信息，在 VB 中可以使用标签控件来实现在窗体中显示这些文本提示信息。

**1. 标签控件的主要属性**

（1）Caption 属性。

Caption 属性用来设置或返回标签框上显示的文本。Caption 属性允许文本的长度最多为 1024 字节。缺省情况下，当文本超过控件宽度时，文本会自动换行，而当文本超过控件高度时，超出部分将被裁剪掉。

（2）Alignment 属性。

Alignment 属性用于指定在标签上显示文本的位置。值为 0 表示左对齐；值为 1 表示右对齐；值为 2 表示居中对齐。

（3）AutoSize 属性。

AutoSize 属性用于确定标签是否会随标题内容的多少自动变化。如果值为 True，标签控件将按照所显示内容的多少来自动调整大小；如果值为 False，表示标签控件的尺寸不能自动调整，超出尺寸范围的内容将不予显示。

（4）BackStyle 属性。

BackStyle 属性用于确定标签的背景是否透明。值为 0 时，表示背景透明，标签后的背景和图形可见；值为 1 时，表示不透明，标签后的背景和图形不可见。

（5）BorderStyle 属性。

BorderStyle 属性用来确定标签是否有边框，值为 0 时无边框，值为 1 时有边框。

**2. 标签控件的事件**

标签可响应单击（Click）和双击（DblClick）事件，但一般情况不对它进行编程。

例 6-2　在窗体上，放置 2 个标签，其名称使用默认名称 Label1、Label2，Label1 用于显示提示用户执行操作的文本，Label2 在用户单击或双击窗体时显示出用户所执行的操作内容。

分析：在窗体上设置 2 个标签控件，按表 6-1 设置各对象的属性。

表 6-1　　　　　　　　　　　各对象的主要属性设置

| 对象 | Name 属性 | Caption 属性 | 属性(属性值) | 属性(属性值) |
| --- | --- | --- | --- | --- |
| 窗体 | Form1 | "标签的使用" | | |
| 标签 1 | Label1 | "请单击或双击窗体" | FontSize(12) | |
| 标签 2 | Label2 | "" | FontSize(12) | AutoSize(True) |

程序代码如下：

```
Private Sub Form_Click()
    Label2.BorderStyle = 0
    Label2.Caption = "你单击了窗体! "
End Sub
Private Sub Form_DblClick()
    Label2.BorderStyle = 1
    Label2.Caption = "你双击了窗体! "
End Sub
```

结论：程序中采用对标签的 Caption 属性赋值来显示用户所执行的操作内容，而 BorderStyle 属性是用来设置标签的边框。程序运行后的效果如图 6-2 所示。

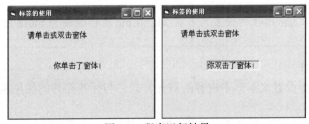

图 6-2　程序运行结果

### 6.1.3 文本框控件（TextBox）

文本框也是最常用的标准控件之一。文本框兼有输入和输出，既能用于显示用户输入的信息，作为接收用户输入数据的接口；也能用于在设计或运行时，通过对控件的 Text 属性赋值，作为信息输出的对象。

**1. 文本框控件的主要属性**

（1）Text 属性。

Text 属性是文本框最重要的一个属性，在设计时，使用该属性可以指定文本框的初始值。在程序中，Text 属性用来返回用户在文本框中输入的内容。如要将用户在文本框（Text1）中输入的内容显示在窗体上，可以使用以下语句：

```
Print Text1.Text
```

（2）MultiLine 属性。

MultiLine 属性用于表示是否有多行输入的功能。默认情况下，该值为 False，表明文本框只能接收单行文本。若将该值设置为 True，则在文本框中可以输入多行文本。

（3）ScrollBars 属性。

ScrollBars 属性用于决定文本框是否可以带有滚动条。该属性有 4 种取值，各取值的含义如表 6-2 所示。

表 6-2　　　　　　　　　　　　　　　ScrollBars 属性的取值及其含义

| 属性值 | 含义 |
| --- | --- |
| 0 | 文本框没有滚动条（默认值） |
| 1 | 文本框有水平滚动条 |
| 2 | 文本框有垂直滚动条 |
| 3 | 文本框既有水平滚动条又有垂直滚动条 |

只有设置 MultiLine 属性的值为 True 时，ScrollBars 属性才有效。

（4）MaxLength 属性。

MaxLength 属性用于设置在文本框中所允许输入的最大字符数，默认值是 0，表示对字符数没有限制。文本框中可以放置的最大字符容量约为 64KB，单行文本框则只能放置 255 个字符。

（5）PassWordChar 属性。

设置 PassWordChar 属性是为了掩盖文本框中输入的字符。它常用于设置密码输入，如将 PassWordChar 属性值设置为星号（*），则用户输入的任何字符在文本框中均显示为星号（*）。

PassWordChar 属性的设置只有在 MultiLine 属性值设为 False 时才有效。

（6）Alignment 属性。

Alignment 属性用于设置文本框中内容的对齐方式，与标签控件的使用相同。

（7）Locked 属性。

Locked 属性设置文本框的内容是否可以编辑。如果 Locked 属性设为 True，则文本框被锁定，此时与标签控件类似，只能用于显示，不能进行输入和编辑操作。

（8）SelStart、SelLength 和 SelText 属性。

这三个属性是文本框中对文本的编辑属性。SelStart 属性返回或设置所选中的文本起始点，如果没有选中文本，则指出插入点的位置。SelLength 属性返回或设置所选中文本的字符数。SelText 属性设置或返回当前选定文本中的文本字符串。

**2．文本框控件的常用事件**

（1）Change 事件。

当改变文本框的 Text 属性时会引发该事件。用户每向文本框输入一个字符，就会触发一次 Change 事件。因此，Change 事件常用于对输入字符类型的实时检测。

（2）KeyPress 事件。

当用户按下并释放键盘上一个 ASCII 字符键时，就会触发一次该事件，并返回一个 KeyAscii 参数（字符的 Ascii 值）到该事件过程中。

（3）LostFocus 事件：当控件失去焦点时发生。

（4）GotFocus 事件：当控件获得焦点时发生。

**3．文本框控件的常用方法**

文本框常用的方法是：SetFocus，使用形式：

```
[对象.]SetFocus
```

功能是把光标移到指定的文本框对象中。

例 6-3 设计一个应用程序，程序中包含 3 个文本框，当在第一个文本框中输入内容时，第 2 个和第 3 个文本框出现相同的内容，但其字体与大小不相同，双击窗体任何一个位置后，文本框的内容将消失。

分析：在窗体中设置 3 个文本框，按表 6-3 所示设置各对象的属性。

表 6-3　　　　　　　　　　　　　各对象的主要属性设置

| 对象 | Name 属性 | 属性(属性值) |
| --- | --- | --- |
| 窗体 | Form1 | Caption（"文本框实例"） |
| 文本框 1 | Text1 | Text("") |
| 文本框 2 | Text2 | Text("") |
| 文本框 3 | Text3 | Text("") |

程序中采用文本框的 Change 事件，实现第一个文本框输入字符的实时显示，同时在 Change 事件通过对第 2 个文本框和第 3 个文本框的 Text 属性、FontSize 属性、FontName 属性赋值来完成两个文本框以不同方式显示相同内容的设计要求。

程序代码如下：

```
Private Sub Text1_Change()
Text2.Text = Text1.Text
Text2.FontSize = 20
Text2.FontName = "华文行楷"
Text3.Text = Text1.Text
Text3.FontSize = 30
Text3.FontName = "华文新魏"
```

```
End Sub
Private Sub Form_DblClick()
Text1.Text = ""
Text2.Text = ""
Text3.Text = ""
End Sub
```

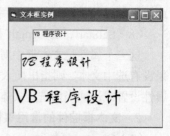

程序运行后的效果如图 6-3 所示。

图 6-3　程序运行结果

## 6.1.4　命令按钮（CommandButton）

命令按钮控件在应用程序中主要作为按钮来使用，主要通过单击命令按钮，触发相应的事件过程，来执行指定的操作，实现指定的功能。

### 1. 命令按钮的主要属性

（1）Caption 属性。

Caption 属性用于设置命令按钮上显示的文本。该属性最多包含 255 个字符。如果其内容超过了命令按钮的宽度则会转到下一行，如果其内容超过 255 个字符，则超出的部分被截掉。

（2）Default 属性。

Default 属性用于设置命令按钮是否为窗体默认的按钮。当该属性设置为 True 时，不管窗体上哪个控件有焦点，只要用户按 Enter 键，就相当于用鼠标单击了该默认按钮。

 一个窗体只能有一个命令按钮的 Default 设置为 True。

（3）Cancel 属性。

Cancel 属性用于设定默认的取消按钮。当该属性设置为 True 时，不管窗体上哪个控件有焦点，只要用户按 Esc 键，就相当于用鼠标单击了该默认按钮。

 一个窗体只能有一个命令按钮的 Cancel 属性设置为 True。

（4）Value 属性。

Value 属性用于检查命令按钮是否按下，该属性在设计时无效。

（5）Style 属性。

Style 属性用于确定显示的形式。值为 0 时只能显示文字，值为 1 时文字、图形均可显示。

（6）Picture 属性。

Picture 属性使按钮可显示图片文件（.bmp 和.ico），此属性只有当 Style 属性值设为 1 时才有效。

（7）ToolTipText 属性。

ToolTipText 属性用于设置命令按钮的提示行（即用来提示说明该命令按钮的作用）。

### 2. 命令按钮的常用事件

对于命令按钮来说，最常用的是 Click 事件。当用户单击命令按钮时，就会触发 Click 事件，并调用和执行已写入 Click 事件中的代码。

### 3. 命令按钮的常用方法

（1）Move 方法。

Move 方法用来在窗体等容器下移动命令按钮。它的调用格式如下：

[对象.]Move 左边距离[，上边距离[，宽度[，高度]]]

其中对象是命令按钮；左边距离、上边距离、宽度、高度均为数值表达式，以 twip（1twip=1/567 厘米）为单位，分别用来表示命令按钮相对其"容器"对象左边缘的水平坐标、相对其"容器"对象顶部的垂直坐标、命令按钮的新宽度和新高度。

（2）SetFocus 方法。

SetFocus 方法用于设置指定的命令按钮获得焦点。一旦使用 SetFocus 方法，用户的输入（如按 Enter 键）被立即引导到成为焦点的按钮上。

 使用该方法之前，必须保证命令按钮当前处于可见和可用状态，即其 Visible 和 Enabled 属性应设置为 True。

例 6-4 设计一个多功能按钮的应用程序，要求：单击按钮，按钮的标题在"显示日期"与"显示时间"间切换，并且在文本框中显示相应的内容。

分析：在窗体上设置 1 标签和 1 个命令按钮，按表 6-4 所示设置各对象的属性。

表 6-4　　　　　　　　　　　各对象的主要属性设置

| 对象 | Name 属性 | Caption 属性 | 属性(属性值) | 属性(属性值) | 属性(属性值) |
|---|---|---|---|---|---|
| 窗体 | Form1 | "多功能按钮" | | | |
| 标签 | Label1 | "" | FontSize(12) | BorderStyle(1) | AutoSize(True) |
| 命令按钮 | Command1 | "显示日期" | FontSize(12) | | |

程序代码如下：

```
Private Sub Command1_Click()
    If Command1.Caption = "显示日期" Then
        Label1.Caption = Date
        Command1.Caption = "显示时间"
    Else
        Label1.Caption = Time
        Command1.Caption = "显示日期"
    End If
End Sub
```

结论：程序中，采用了 If 语句来判断当前按钮的标题，然后做出相应的操作。运行该程序，单击"显示日期"按钮，则在标签中显示当前的系统日期，并将按钮的标题改变为"显示时间"，如图 6-4（a）所示；再次单击按钮，则在标签中显示当前的系统时间，并且按钮的标题恢复为"显示日期"，如图 6-4（b）所示。这样，通过一个按钮就可以交替显示当前系统的时间与日期。

（a）　　　　　　　　　　　　（b）

图 6-4　多功能按钮程序

# 6.2 单选按钮、复选框和框架

在 VB 界面设计时，有时需要在几个选项中作出选择，如性别要在男、女中选择其中一种，或兴趣爱好在体育、音乐、文学等项目中多项选择时，就需要使用到单选按钮、复选框和框架。

## 6.2.1 提出问题，解决问题

例 6-5 设计一份个人调查问卷的界面，如图 6-5 所示。

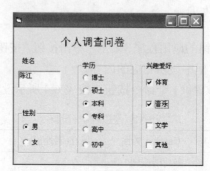

图 6-5 个人调查问卷界面

分析：为了得到如图 6-5 所示的个人调查问卷的界面，分以下步骤来解决：① 性别和学历两项均是多选一，选用单选按钮来设置；② 兴趣爱好项是多选区，选用复选框；③ 为了区分性别、学历和兴趣爱好 3 个区域，选用框架来将控件分类放置；④ 个人调查问卷、姓名选用前面讲解的标签来设置，姓名下方的输入区则选用文本框来处理。

总结：单选按钮、复选框和框架是 Windows 对话框界面中常用的控件，可以用来设置有选择项的界面。单选按钮的作用是从多个选项中选择一项；复选框是从多个选项中选择若干项；框架主要是为其他控件分组，以便能在整个窗体同一时刻选择多个单选项，否则本例中性别、学历中所有单选项只能选择一种，这也是 Visual Basic 界面设计中使用框架的意义。

## 6.2.2 单选按钮

单选按钮（OptionButton）也称作选择按钮。当需要从多个选项中选择一项，且只能选择一项时，就要用"单选按钮"控件。单选按钮的标志是前面有一个圆圈，当我们选中某个选项时，出现一个小实心圆点表示该项被选中。单选按钮在工具箱中的图标为 。

**1. 单选按钮常用属性**

单选按钮的常用属性介绍如下。

（1）Caption 属性。Caption 属性用来设置单选按钮的标题。

（2）Enabled 属性。Enabled 属性用来确定单选按钮是否有效。当值为 False 时，则运行时将显示暗淡的选项按钮，表示按钮无效。

（3）Value 属性。Value 属性用于设置或返回单选按钮的状态。值为 True 时，表明该单选按钮被选中；值为 False 时，表明该单选按钮未被选中。在同一组中的单选按钮中，只能有一个 Value 属性值为 True。

（4）Style 属性。Style 属性用于确定单选按钮的外观。值为 0 时，为标准的单选按钮，即一个圆形按钮及标题。值为 1 时，外观类似于命令按钮，单击选中该按钮，则按钮处于下沉状态；单击选中其他按钮后，按钮恢复原状。

**2. 单选按钮的常用事件**

单选按钮最基本的事件是 Click 事件，选中选项或设置单选按钮的 Value 属性值为 True 时，则会发生 Click 事件。一般情况用户无需为单选按钮编写 Click 事件过程，因为当用户单击单选按钮时，它会自动改变 Value 属性值。

**3. 单选按钮的常用方法**

SetFocus 方法是单选钮控件最常用的方法，可以在代码中通过该方法将 Value 属性设置为 True。与命令按钮相同，使用该方法之前，必须要保证单选按钮处于可见和可用状态（即 Visible 与 Enabled 属性值均为 True）。

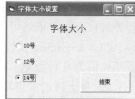

例 6-6 设计一个字体大小设置程序，界面如图 6-6 所示。要求：程序运行后，单击 10 号、12 号或 14 号单选按钮，可将所选字体大小应用于标签，单击"结束"按钮则结束程序。

分析：按图 6-6 所示在窗体上放置 1 个标签、3 个单选按钮，1 个命令按钮，并在属性窗口中按表 6-5 所示设置各对象的属性。

图 6-6　字体大小设置

表 6-5　　　　　　　　　　　　各对象的主要属性设置

| 对象 | Name 属性 | Caption 属性 |
| --- | --- | --- |
| 窗体 | Form1 | "字体大小设置" |
| 标签 | Label1 | "字体大小" |
| 单选按钮 1 | Option1 | "10 号" |
| 单选按钮 2 | Option2 | "12 号" |
| 单选按钮 3 | Option3 | "14 号" |
| 命令按钮 | Command1 | "结束" |

程序代码如下：

```
Private Sub Option1_Click()
Label1.FontSize = 10
End Sub
Private Sub Option2_Click()
Label1.FontSize = 12
End Sub
Private Sub Option3_Click()
Label1.FontSize = 14
End Sub
Private Sub Command1_Click()
    End
End Sub
```

结论：本例中，把单选按钮选中的字体值赋给标签的 FontSize 属性，以此来改变标签字体大小。程序运行后，可以单击任意单选按钮观看程序运行的结果，但是不管怎么单击单选按钮，一次只能选中一项，不能同时选中多项。

### 6.2.3 复选框

复选框（CheckBox）也称作检查框、选择框。当需要从多个选项中选择若干项时，就可使用"复选框"控件。复选框在工具箱中的图标为 ☑，它有两种状态可以选择：

（1）选中（复选框控件将显示"√"）；

（2）不选（复选框控件中"√"消失）。

**1. 复选框常用属性**

复选框常用属性介绍如下。

（1）Caption 属性。Caption 属性用来设置复选框的标题。

（2）Value 值。Value 属性用来设置与返回复选框的当前状态，它有 3 个值：值为 0 时表示复选框未选中，值为 1 表示选中，值为 2 时复选框变灰。（Value 属性值为 2 并不意味着用户无法选择该控件，用户依然可以通过鼠标单击或 SetFocus 方法将焦点定位其上。）

（3）Alignment 属性。Alignment 属性用于设置复选框是在标题的左边还是右边，它有 2 种设置值：值为 0（默认值）时表示复选框在标题的左边，值为 1 表示复选框在标题的右边。

**2. 复选框的常用事件**

复选框最基本的事件是 Click 事件，选中选项或设置复选框的 Value 属性值为 True 时，则会发生 Click 事件。当然，用户可以不用为复选框编写 Click 事件过程，但对其 Value 属性值的改变遵循以下规则：

（1）单击未选中的复选框时，复选框变为选中状态，Value 属性值变为 1；

（2）单击已选中的复选框时，复选框变为未选中状态，Value 属性值变为 0；

（3）单击变灰的复选框时，复选框变为未选中状态，Value 属性值变为 0。

运行时反复单击同一复选框，其只在选中与未选中状态之间进行切换，即 Value 属性值只能在 0 和 1 之间交替变换。

例 6-7 设计一个字体设置程序，界面如图 6-7 所示。要求：程序运行后，单击各复选框，可将所选字形应用于文本框，单击"清除文本"按钮则文本框中内容清空，单击"退出"按钮则结束程序。

分析：按图 6-7 所示在窗体上放置 1 个标签、1 个文本框、4 个复选框，2 个命令按钮，并在属性窗口中按表 6-6 所示设置各对象的属性。

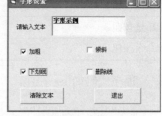

图 6-7 字形设置

表 6-6　　　　　　　　　　　　各对象的主要属性设置

| 对象 | Name 属性 | Caption 属性 |
| --- | --- | --- |
| 窗体 | Form1 | "字形设置" |
| 标签 | Label1 | "请输入文本" |
| 文本框 | Text1 | "" |
| 复选框 1 | Check1 | "加粗" |
| 复选框 2 | Check2 | "倾斜" |
| 复选框 3 | Check3 | "下画线" |
| 复选框 4 | Check4 | "删除线" |
| 命令按钮 1 | Command1 | "清除文本" |
| 命令按钮 2 | Command2 | "退出" |

程序代码如下：

```
Private Sub Check1_Click()
    If Check1.Value = 1 Then
        Text1.FontBold = True
    Else
        Text1.FontBold = False
    End If
End Sub
Private Sub Check2_Click()
    If Check2.Value = 1 Then
        Text1.FontItalic = True
    Else
        Text1.FontItalic = False
    End If
End Sub
Private Sub Check3_Click()
    If Check3.Value = 1 Then
        Text1.FontUnderline = True
    Else
        Text1.FontUnderline = False
    End If
End Sub
Private Sub Check4_Click()
    If Check4.Value = 1 Then
        Text1.FontStrikethru = True
    Else
        Text1.FontStrikethru = False
    End If
End Sub
Private Sub Command1_Click()
    Text1.Text = ""
End Sub
Private Sub Command2_Click()
    End
End Sub
```

　　结论：本例中，通过对文本框的相应属性赋值来改变文本框的显示效果。程序运行后，可以选中任意一个复选框观看程序运行的结果，也可以同时选择多项。

## 6.2.4　框架

　　框架（Frame）控件主要作为容器来放置其他控件，用于把一些控件分类放置，例如在应用程序中将单选按钮分割成几组，以便用户在每组中选择选项。框架在工具箱中的图标为 。

### 1. 框架内控件的创建方法

　　如果希望将已经存在的若干控件放在某个框架中，可以先选择所有控件，将它们剪贴到剪贴板上，然后选定框架控件并把它们粘贴到框架上（不能直接拖动到框架中）；也可以先添加框架，然后选中框架，再在框架中添加其他控件，这样在框架中建立的控件和框架就形成一个整体，可以同时被移动、删除。

　　　　不能用双击的方法向框架中添加控件，也不能将控件选中后直接拖动到框架中，否则这些控件不能和框架成为一体，其载体不是框架而是窗体。

### 2. 框架常用属性

框架常用属性介绍如下。

（1）Caption 属性。Caption 属性用于设置框架的标题。

（2）Enabled 属性。Enabled 属性用于确定框架按钮是否有效。当值为 False 时，则运行时其标题会变灰，框架中的所有对象均会被屏蔽。

例 6-8 设计一个字体属性设置程序，界面如图 6-8 所示。要求：程序运行后，当选择好相应的复选框和单选按钮，单击"确定"按钮后，标签的内容会发生相应变化，单击"取消"按钮则恢复默认设置。

分析：按图 6-8 所示在窗体上放置各个控件，并在属性窗口中按表 6-7 所示设置各对象的属性。

图 6-8　字体设置窗体

表 6-7　　　　　　　　　　　各对象的主要属性设置

| 对象 | Name 属性 | Caption 属性 | 属性(属性值) | 属性(属性值) |
|---|---|---|---|---|
| 窗体 | Form1 | "字体设置" | | |
| 标签 | Label1 | "Visual Basic 6.0 程序设计教程" | Alignment(0) | BorderStyle(1) |
| 框架 1 | Frame1 | "字体" | | |
| 单选按钮 1 | optSong | "宋体" | | |
| 单选按钮 2 | optHei | "黑体" | | |
| 框架 2 | Frame2 | "字形" | | |
| 复选框 1 | chkBold | "加粗" | | |
| 复选框 2 | chkItalic | "倾斜" | | |
| 框架 3 | Frame3 | "字号" | | |
| 单选按钮 3 | optTen | "10 号" | | |
| 单选按钮 4 | optTwelve | "12 号" | | |
| 命令按钮 1 | cmdOK | "确定" | | |
| 命令按钮 2 | cmdCancel | "取消" | | |

程序代码如下：

```
Private Sub Form_Load()      '窗体的初始化过程
    optSong.Value = True
    chkBold.Value = 0
    chkItalic.Value = 0
    optTen.Value = True
    Label1.FontName = optSong.Caption
    Label1.FontBold = chkBold.Value
    Label1.FontItalic = chkItalic.Value
    Label1.FontSize = 10
End Sub
Private Sub cmdOK_Click()   '确定按钮的单击事件过程
    If optSong.Value Then  '设置字体
        Label1.FontName = optSong.Caption
    Else
```

```
        Label1.FontName = optHei.Caption
    End If
    Label1.FontBold = chkBold.Value  '设置字形
    Label1.FontItalic = chkItalic.Value
    If optTen.Value Then  '设置字号
        Label1.FontSize = 10
    Else
        Label1.FontSize = 12
    End If
End Sub
Private Sub cmdCancel_Click()  '取消按钮的单击事件过程
    Form_Load                  '调用窗体的初始化过程
End Sub
```

结论：本例中，字体、字形和字号选项是放在框架容器中，目的是为控件分组，以便在整个窗体中既能对标签中的文字设置字体，又能设置字号，否则选择时字体和字号中所有单选项只能选择一项，也就是对标签中的文字只能设置字体或字号中的一项。

# 6.3  列表框和组合框

当界面设计中出现列表式菜单或要实现一个点歌单时，VB 程序设计时常采用列表框或组合框来实现，如显示多个学生的各科成绩等，就可采用列表框来列出姓名供选择，组合框用来显示各科成绩。

## 6.3.1  提出问题，解决问题

例 6-9 使用列表框与组合框设置成绩表界面如图 6-9 所示。

分析：在该例中，①设置一个列表框用来选择学生姓名；②设置 3 个标签标明语文、数学和外语及 3 个组合框显示被选学生相应科目的成绩；③设置一个标签显示"请输入姓名"，一个文本框用来输入学生姓名；④设置 3 个命令按钮用于新增、删除学生成绩及退出程序。

图 6-9  成绩表窗体

在属性窗口中按表 6-8 所示设置各对象的属性。

表 6-8　　　　　　　　　　　各对象的主要属性设置

| 对象 | 属性(属性值) | 属性(属性值) |
| --- | --- | --- |
| 窗体 | Name(Form1) | Caption("成绩表") |
| 标签 1 | Name(Label1) | Caption("请输入姓名") |
| 标签 2 | Name(Label2) | Caption("语文") |
| 标签 3 | Name(Label3) | Caption("数学") |
| 标签 4 | Name(Label4) | Caption("英语") |
| 文本框 | Name(Text1) | Caption("") |

| 对象 | 属性(属性值) | 属性(属性值) |
|---|---|---|
| 列表框 | Name(List1) | Multiselect (0) |
| 组合框 1 | Name(Combo1) | Text("") |
| 组合框 2 | Name(Combo2) | Text("") |
| 组合框 3 | Name(Combo3) | Text("") |
| 命令按钮 1 | Name(Command1) | Caption("增加") |
| 命令按钮 2 | Name(Command2) | Caption("删除") |
| 命令按钮 3 | Name(Command3) | Caption("退出") |

程序代码如下：

```
Private Sub Form_Load()
 List1.AddItem "王新羽"
 List1.AddItem "刘星"
 List1.AddItem "赵颖"
 List1.AddItem "张欣"
 List1.AddItem "李佳"
 Combo1.AddItem "88"
 Combo1.AddItem "75"
 Combo1.AddItem "86"
 Combo1.AddItem "89"
 Combo1.AddItem "80"
 Combo2.AddItem "78"
 Combo2.AddItem "95"
 Combo2.AddItem "89"
 Combo2.AddItem "90"
 Combo2.AddItem "76"
 Combo3.AddItem "83"
 Combo3.AddItem "73"
 Combo3.AddItem "80"
 Combo3.AddItem "90"
 Combo3.AddItem "86"
End Sub
Private Sub Command1_Click()
  List1.AddItem Text1.Text
  Combo1.AddItem Combo1.Text
  Combo2.AddItem Combo2.Text
  Combo3.AddItem Combo3.Text
  Text1.Text = ""
End Sub
Private Sub Command2_Click()
 If List1.ListIndex <> -1 Then
  List1.RemoveItem List1.ListIndex
  Combo1.RemoveItem Combo1.ListIndex
  Combo2.RemoveItem Combo2.ListIndex
  Combo3.RemoveItem Combo3.ListIndex
  Text1.Text = ""
  Else
  MsgBox "先选择，再删除"
```

```
   End If
End Sub
Private Sub Command3_Click()
   End
End Sub
Private Sub List1_Click()
   Text1.Text = List1.List(List1.ListIndex)
   Combo1.ListIndex = List1.ListIndex
   Combo2.ListIndex = List1.ListIndex
   Combo3.ListIndex = List1.ListIndex
End Sub
```

　　总结：本例中用到了列表框和组合框控件来设置界面，列表框主要是显示和选择学生姓名，组合框是显示、选择和输入新增科目的成绩，如新增学生成绩过程：文本框中先输入新增学生姓名，同时 3 个组合框的编辑区输入新增学生的 3 科成绩，选择增加命令按钮后，列表框中就能显示出新增的学生姓名，组合框中也相应地显示出新输入学生的 3 科成绩，这个新增的过程就体现了列表框和组合框的一些基本功能。

## 6.3.2　列表框

　　列表框控件（ListBox）用来显示项目列表，用户可从中选择一个或多个项目。列表框控件在工具箱中的图标为 。

### 1. 列表框常用属性

　　（1）List、ListCount 和 ListIndex 属性。

　　① List 属性：字符串数组。列表框的 List 属性含有多个值（字符型），这些值构成一个数组，每个数组元素都是列表框中的一个列表项，引用列表框中的项目可用对象名.List(i)形式，其中，对象名为列表框名，i 为项目的索引号，取值范围为 0 ~（数组元素个数-1）。List 属性主要是罗列或设置列表框中的内容，该属性值可以在设计时指定，也可以由程序语句设置。在设计模式下，可以在属性窗口中选定 List 属性后，单击右侧的下三角按钮，在出现的空白编辑区中输入项目，如图 6-10 所示。若要连续输入多个项目，在每一个输入项后，可按 Ctrl+回车键，再输入下一项。当所有项全部输入后，按回车键结束。

　　② ListCount 属性：整型数值，用于返回列表框中列表项数，即 List 数组中的元素个数。

图 6-10　在 list 属性中输入项目

　　③ ListIndex 属性：整型数值，用于返回或设置列表框控件中当前选定项目的索引。如果选定第 1 个项目，则属性的值为 0；如果选定第 2 个项目，则属性的值为 1，以此类推。如果用户没有选中列表框中的任何一项，则 ListIndex 属性值为-1。在程序中设置 ListIndex 后，被选择的条目将反相显示。

　　在 Visual Basic 程序代码中，ListIndex 属性使用格式为：列表框名.ListIndex，其中 ListIndex 取值范围为 0 ~ ListCount-1。例如，表达式 List1.List（List1.ListIndex）将返回列表框 List1 当前选择的项目，List1.List（0）将返回列表框 List1 的第一个项目，List1.List（List1. ListCount-1）将返回列表框 List1 的最后一个项目。

注意　ListIndex 属性不能在设计时设置，只能通过程序代码设置。

（2）Style 属性。

Style 属性用来指示列表框控件的显示类型，不同的 Style 属性值确定了列表框的类型和显示风格。

① 当值为"0"（默认值）时，列表框以标准形式显示，如图 6-11（a）所示。

② 当值为"1"时，列表框以复选框形式显示。在 ListBox 控件中，每一个文本项的边上都有一个复选框，可以选择多项，如图 6-11（b）所示。

图 6-11（a）　Style 属性值为 0

图 6-11（b）　Style 属性值为 1

（3）MultiSelect 属性。

MultiSelect 属性用来设置标准列表框中一次可以选择的列表项数。该属性的设置值决定了用户是否可以在列表框中选择多个项目。表 6-9 列出了 MultiSelect 属性的值及其含义。

表 6-9　　　　　　　　　　　　　　MultiSelect 属性的取值及其含义

| 值 | 含义 |
| --- | --- |
| 0 | （默认值）每次只能选择一个项目，不能在列表框中进行多项选择 |
| 1 | 可以同时选择多个项，后续的选择不会取消前面所选择的项。可以用鼠标或空格键选择 |
| 2 | 可以选择指定范围内的项目，其方法是：单击所要选择的范围的第一项，然后按下 Shift 键不放，单击另一个项目，则将这两个项目之间的所有项目选中；如果按住 Ctrl 键不放，单击列表框中的多个项目，则可不连续地选择多个项目 |

如果选择了多个项目，ListIndex 属性记录的只是最后一次的选择项目。为了能够知道列表框中哪些项目被选中，需要使用到列表框的 Selected 属性。

（4）Selected 属性。

Selected 属性实际上是一个逻辑类型的数组，各个元素的值为 True 或 False，每个元素与列表框中的每一项相对应。当元素的值为 True 时，表明选择了该项；当为 False 时，则表示未选择。用下面的格式可以检查指定的列表框项目是否被选择：

列表框名.Selected(i)

i 为项目的索引号，取值范围为 0 ~ ListCount-1。上面的语句返回一个逻辑值（True 或 False）。用下面的格式可以选择指定的列表框项目或取消已选择的项目：

列表框名.Selected(i)=True | False

（5）Sorted 属性。

Sorted 属性用于设置列表框中的项目是否要按字母表顺序（升序）排序。若 Sorted 的属性值设置为 True，则列表框中的选择项按字母表顺序（升序）排序。若设置为 False（默认），则项目按加入列表框的先后次序排列。该属性只能在设计阶段设置，不能在程序代码中设置。

（6）Text 属性。

Text 属性值是被选中列表项的文本内容。该属性只在程序运行时设置或引用。

（7）NewIndex 属性。

NewIndex 属性用于返回最近加入列表框控件的项目的索引。如果在列表中已没有项目或删除了一个项目，该属性将返回-1。

（8）TopIndex 属性。

TopIndex 属性用于返回或设置一个值，该值指定哪个项被显示在列表框控件顶部的位置。该属性的取值范围从 0 到列表框名.ListCount-1，在设计阶段不可用。

**2．列表框事件**

（1）Click 事件。

当单击某一列表项目时，将触发列表框的 Click 事件。该事件发生时系统会自动改变列表框的 ListIndex、Selected、Text 等属性，无需另行编写代码。

（2）DblClick 事件。

当双击某一列表项目时，将触发列表框的 DblClick 事件。

**3．列表框常用方法**

（1）AddItem 方法。

列表框的 AddItem 方法用来向列表框中添加项目，AddItem 方法的代码格式如下：

```
列表框名.AddItem Item,Index
```

其中：Item 参数是一个字符串表达式，用来指定添加到列表框中的项目；Index 参数是一个整数，用来指定新项目在列表框中的位置（首项的 Index 为 0），在默认情况下，项目被添加到列表框的末尾。

例如，将文本框 Text1 中输入的内容添加到列表框 List1 的第 2 项，应使用下面的语句：

```
List1.AddItem Text1.Text, 1
```

　　若列表框 Sorted 属性的值为 True，则无论 Index 参数的值为多少，项目都以正确的排序添加到列表框中。

（2）RemoveItem 方法。

列表框的 RemoveItem 方法用来从列表框中删除项目，RemoveItem 方法的代码格式如下：

```
列表框名. RemoveItem Index
```

Index 参数为要删除项目的索引号，在这里 Index 参数不可省略。在删除某个项目后，后续项目的索引会自动调整。该方法每次只能删除一个项目。

（3）Clear 方法。

列表框的 Clear 方法用于清除列表框控件的所有项目，Clear 方法的代码格式如下：

```
列表框名. Clear
```

例 6-10 设计一个报考学校的多选列表框界面，如图 6-12 所示。要求：当用户在列表框中选择要报考的学校（可以选择多个学校），单击"显示"命令按钮后，窗体上会显示出用户选择的学校。

分析：按图 6-12 所示在窗体上放置 1 个标签、1 个列表框和 1 个命令按钮，并在属性窗口中按表 6-10 所示设置各对象的属性。

图 6-12　报考学校的多选列表框界面

表 6-10　　　　　　　　　　　各对象的主要属性设置

| 对象 | 属性 | 值 |
| --- | --- | --- |
| 窗体 | Name | Form1 |
| | Caption | "报考学校的多选列表框" |
| 标签 | Name | Label1 |
| | Caption | "选择学校" |
| 列表框 | Name | List1 |
| | List | 清华大学 |
| | | 北京大学 |
| | | 复旦大学 |
| | | 南京大学 |
| | | 浙江大学 |
| | | 天津大学 |
| | | 四川大学 |
| | | 吉林大学 |
| | MultiSelect | 1 |
| 命令按钮 | Name | Command1 |
| | Caption | "显示" |

程序代码如下：

```
Private Sub Command1_Click()
  Cls
  Print
  Print Spc(3); "你要报考的学校是："
  Print
  For i = 0 To List1.ListCount - 1
    If List1.Selected(i) = True Then
     Print Spc(10); List1.List(i)
    End If
  Next
End Sub
```

结论：在该段代码中，使用了 For 循环语句和 If 语句来依次判断各项目是否被选中。如果某项目被选中（其 Selected 属性值为 True），则在窗体中显示出该项目。程序运行后，在列表框中依次选择要报考的学校，单击"显示"按钮，得到的运行结果如图 6-13 所示。

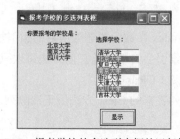

图 6-13　报考学校的多选列表框的运行结果

### 6.3.3　组合框

列表框控件有时不能满足程序的需要。例如，在例 6-10 中的列表框中只列出了 8 个学校，而不可能列出所有的学校来供用户选择。使用组合框可以解决这个问题。

组合框控件（ComboBox）将文本框和列表框的特性结合在一起，用户既可在控件中的文本框部分输入信息，也可在控件的列表框部分选择某项信息。组合框控件在工具栏中的图标为囯。

通常，组合框适用于建议性的选项列表，即用户除了可以从列表中进行选择外，还可以通过文本框部分将不在列表中的选项输入列表区域中。而列表框则适用于将用户的选择限制在列表之内的情况。

#### 1. 组合框的常用属性

列表框的大部分属性同样适合组合框，此外它还有自己的一些属性。

（1）Style 属性。

Style 属性用于设置组合框的显示风格，不同的 Style 属性值确定了组合框的类型和显示风格。

① 当值为"0"时，组合框称为"下拉式组合框"，它由可编辑的文本区和一个下拉列表框组成，用户既可以使用键盘直接向文本编辑区输入内容，也可单击右侧的下三角按钮，从下拉列表框中选择项目，如图 6-14（a）所示。

② 当值为"1"时，组合框称为"简单组合框"，它也是由一个文本区和一个列表框组成，但该列表框不是下拉式，而是始终显示在屏幕上，如图 6-14（b）所示。

③ 当值为"2"时，组合框称为"下拉式列表框"，其外形与"下拉式组合框"相似，但用户只能从列表框中选择而不能直接向文本区输入内容，如图 6-14（c）所示。

图 6-14（a）style 属性值为 0　　图 6-14（b）　style 属性值为 1　　图 6-14（c）　style 属性值为 2

（2）Text 属性。

Text 属性用来设置或返回组合框文本区中的内容。文本区中的内容可能是用户输入的，也可能是用户从列表中选择的。例如，下列语句：

```
Text1.Text=Combo1.Text
```

就是在文本框（Text1）中显示用户在组合框（Combo1）中输入或选择的内容。

#### 2. 组合框的常用事件与方法

（1）事件。组合框所响应的事件随 Style 属性值有所不同。

例如，当组合框的 Style 属性为 1 时，能接收 DblClick 事件，而其他两种组合框能够接收 Click 与 Dropdown 事件；当 Style 属性为 0 或 1 时，在文本输入时还可以接收 Change 事件。

（2）方法。跟列表框一样，组合框也适用 AddItem、Clear、RemoveItem 方法，其用法与列表框中的方法相同。

例 6-11 设计一个用于设置字体属性的程序，界面如图 6-15 所示。要求如下：

（1）启动工程后，自动在"字体"简单组合框中列出部分字体供用户选择，用户也可根据需要在编辑区中直接输入字体名称。

（2）"字号"下拉组合框中列出部分字号供用户选择，默认值为 10 磅，用户也可根据需要在编辑区中直接输入字号大小。

（3）所做的任何设置都直接在"示例"标签中显示效果，单击"取消"按钮将恢复初始设置，单击"确定"按钮将结束程序。

图 6-15　字体窗体

分析：按图 6-15 所示在窗体上放置各控件，并在属性窗口中按表 6-11 所示设置各对象的属性。

表 6-11　　　　　　　　　　　　　　　各对象的主要属性设置

| 对象 | 属性(属性值) | 属性(属性值) |
| --- | --- | --- |
| 窗体 | Name(Form1) | Caption("字体") |
| 标签 1 | Name(Label1) | Caption("字体") |
| 标签 2 | Name(Label2) | Caption("字号") |
| 标签 3 | Name(lblDisp) | Caption("Visual Basic 程序设计") |
| 框架 | Name(Frame1) | Caption("示例") |
| 组合框 1 | Name(cboFontName) | Style(1) |
| 组合框 2 | Name(cboFontSize) | Style(0) |
| 命令按钮 1 | Name(cmdOK) | Caption("确定") |
| 命令按钮 2 | Name(cmdCancel) | Caption("取消") |

程序代码如下：

```
Private Sub Form_Load()
    Dim i As Integer
    cboFontName.AddItem "宋体"
    cboFontName.AddItem "黑体"
    cboFontName.AddItem "楷体_gb2312"
    cboFontName.AddItem "幼圆"
    For i = 8 To 30 Step 2            '初始化字号组合框
        cboFontSize.AddItem Str(i)
    Next i
    '初始设置标签与组合框
    lblDisp.FontName = "宋体"
    lblDisp.FontSize = 10
```

```
        cboFontName.Text = "宋体"
        cboFontSize.Text = Str(10)
    End Sub
    Private Sub cboFontName_Click()          '选择字体的单击事件过程
        lblDisp.FontName = cboFontName.Text
    End Sub
    Private Sub cboFontName_Change()         '输入字体的处理过程
        lblDisp.FontName = cboFontName.Text
    End Sub
    Private Sub cboFontSize_Click()          '选择字号的单击事件过程
        lblDisp.FontSize = Val(cboFontSize.Text)
    End Sub
    Private Sub cboFontSize_Change()         '输入字号的处理过程
        lblDisp.FontSize = Val(cboFontSize.Text)
    End Sub
    Private Sub cmdCancel_Click()            '恢复初始设置
        lblDisp.FontName = "宋体"
        lblDisp.FontSize = 10
        cboFontName.Text = "宋体"
        cboFontSize.Text = Str(10)
    End Sub
    Private Sub cmdOK_Click()                '结束程序
        End
    End Sub
```

结论：本例中，用到了下拉式组合框和简单组合框两种，主要是由于组合框的 Style 属性取值不同造成的。下拉式组合框和简单组合框都能实现在文本框输入（Chang 事件完成）或从列表中选择项目（Click 事件完成）的功能，不同之处在于简单组合框的列表不能下拉。

# 6.4　滚动条和时钟控件

当程序中需要自动定位位置或自动指示数量变化等时，可以通过滚动条和时钟控件来实现，时钟控件实现自动功能，可用于有规律地定时执行指定的工作，而滚动条可用于定位位置、指示数量变化等。

## 6.4.1　提出问题，解决问题

例 6-12 设计一个"字幕升起"程序，具体要求如下。

（1）将标签的标题设为"欢迎使用 VB"，字体设为"楷体"，大小为"三号"。

（2）单击"开始"按钮，标签文字自动从下向上移动，移动距离为每个时间间隔 100 缇，当标签移动到窗体外时，再从下面进入，同时"开始"按钮变为"停止"按钮。单击"停止"按钮，标签文字停止移动，同时"停止"按钮变为"开始"按钮。

（3）时间间隔可以在 0.1～1 秒变化，默认情况下是 0.3 秒。

分析：在窗体设计时，放置 1 个标签、1 个命令按钮、1 个定时器和 1 个滚动条，如图 6-16 所示。定时器是用于实现标签文字的自动移动过程，滚动条是用来设置移动发生的时间间隔，在运行时可通过单击滚动箭头或单击滚动箭头之间的滚动框来改变时间间隔的大小。

图 6-16 "字幕升起"的设计界面

在属性窗口中按表 6-12 所示设置各对象的属性。

表 6-12 各对象的主要属性设置

| 对象 | 属性 | 值 |
| --- | --- | --- |
| 窗体 | Name | Form1 |
| | Caption | "字幕升起" |
| 标签 | Name | Label1 |
| | Caption | "欢迎使用 VB" |
| | Font | 楷体，三号 |
| 滚动条 | Name | VScroll1 |
| 计时器 | Name | Timer1 |
| 命令按钮 | Name | Command1 |
| | Caption | "开始" |

程序代码如下：

```
Private Sub Form_Load()
    VScroll1.Min = 100
    VScroll1.Max = 1000
    VScroll1.Value = 300
    Timer1.Enabled = False
    Label1.Top = Form1.ScaleHeight
End Sub
Private Sub Command1_Click()
    If Command1.Caption = "开始" Then
        Timer1.Enabled = True
        Command1.Caption = "停止"
    Else
        Timer1.Enabled = False
        Command1.Caption = "开始"
    End If
End Sub
Private Sub Timer1_Timer()
    eachstep = 100        '每次上移的距离
    Label1.Top = Label1.Top - eachstep
    If Label1.Top < 0 Then
        Label1.Top = Form1.ScaleHeight
```

```
        End If
End Sub
Private Sub VScroll1_Change()
        Timer1.Interval = VScroll1.Value
End Sub
Private Sub VScroll1_Scroll()
        Call VScroll1_Change
End Sub
```

结论：本例中标签文字的自动移动过程编写在定时器的 Timer 事件中，通过 Timer1.Interval = VScroll1.Value 语句将 Timer 事件发生的时间间隔与滚动条联系起来，实现时间间隔随滚动条的滚动框的位置改变而在 0.1 ~ 1s 变化，完成了"字幕升起"的程序要求。运行后结果如图 6-17 所示。

## 6.4.2 滚动条

滚动条控件（ScrollBar）通常用来附在窗口上帮助观察数据或确定位置，也可用作数据输入的工具，用来提供某一范围内的数值供用户选择。滚动条有水平和垂直两种滚动条，除方向不一样外，两种滚动条的结构和操作是相同的。滚动条的两端各有一个滚动箭头，在滚动箭头之间有一个滚动框。水平滚动条（HscrollBar）和垂直滚动条（VscrollBar）在工具箱中的图标分别为 ◣◢ 和 ▯ 。

图 6-17 "字幕升起"程序运行结果

### 1. 滚动条的常用属性

（1）LargeChange、SmallChange 属性。

LargeChange 属性：当用户单击滚动条和滚动箭头之间的区域时，返回滚动条控件的 Value 属性值的改变量。

SmallChange 属性：当用户单击滚动箭头时，返回滚动条控件的 Value 属性值的改变量。

LargeChange 和 SmallChange 属性的取值范围为 1 ~ 32767 的整数，包括 1 和 32767，默认设置值均为 1。

（2）Max、Min 属性。

Max 属性：当滚动框处于底部或最右位置时，返回一个滚动条位置的 Value 属性最大设置值。取值范围是 -32768 ~ 32767 的整数，包括 -32768 和 32767，默认设置值为 32767。

Min 属性：当滚动框处于顶部或最左位置时，返回一个滚动条位置的 Value 属性最小设置值。取值范围同 Max 属性，默认设置值为 0。

（3）Value 属性。

Value 属性返回或设置滚动条的当前位置，其返回值始终为介于 Max 和 Min 属性值之间的整数。

### 2. 滚动条的常用事件

（1）Change 事件。

Change 事件在进行滚动或通过代码改变 Value 属性的设置时发生，且发生在滚动结束后。

（2）Scroll 事件。

Scroll 事件在拖动滚动框时发生而在单击滚动箭头或滚动条时不发生。只要拖动滚动框的动作继续，就会不断产生 Scroll 事件。

例 6-13 设计一个计算打折小程序，界面如图 6-18 所示。要求：当在文本框中输入物品的原价，并通过滚动条设置打折的多少后，窗体上会自动显示出当前的打折情况以及物品在当前折扣下的价格。

分析：按图 6-18 所示在窗体上放置 6 个标签、1 个文本框，1 个滚动条，并在属性窗口中按表 6-13 所示设置各对象的属性。

图 6-18　计算打折小程序界面

表 6-13　　　　　　　　　　　各对象的主要属性设置

| 对象 | 属性 | 值 |
| --- | --- | --- |
| 窗体 | Name | Form1 |
| | Caption | "计算打折小程序" |
| 标签 1 | Name | Label1 |
| | Caption | "原价：" |
| | Font | 宋体，五号 |
| 标签 2 | Name | Label2 |
| | Caption | "元" |
| | Font | 宋体，五号 |
| 标签 3 | Name | Label3 |
| | Caption | "打折：" |
| | Font | 宋体，五号 |
| 标签 4 | Name | Labzhe |
| | Caption | "" |
| | Font | 宋体，五号 |
| 标签 5 | Name | Label5 |
| | Caption | "现价：" |
| | Font | 宋体，五号 |
| 标签 6 | Name | Labxj |
| | Caption | "" |
| | Font | 宋体，五号 |
| 文本框 | Name | Text1 |
| | Text | "" |
| | Font | 宋体，五号 |
| 滚动条 | Name | HScroll1 |
| | Min | 0 |
| | Max | 10 |
| | LargeChange | 1 |
| | SmallChange | 1 |

程序代码如下：

```
Private Sub HScroll1_Change()
 Labzhe.Caption = HScroll1.Value & "折"
 Labxj.Caption = Text1.Text * HScroll1.Value / 10 & "元"
End Sub
```

```
Private Sub HScroll1_Scroll()
 Labzhe.Caption = HScroll1.Value & "折"
 Labxj.Caption = Text1.Text * HScroll1.Value / 10 & "元"
End Sub
```

结论：本例中，为了实现打折的多少会随滚动条滚动发生变化，编写了 Change 和 Scroll 事件，并在事件中通过滚动条的 Value 属性来设置打折的多少。程序运行后，可以看到无 Scroll 事件时，Change 事件只能实现滚动结束后才更新打折和现价内容，而加入 Scroll 事件实现了在滚动过程中不断更新打折和现价内容。程序运行结果如图 6-19 所示。

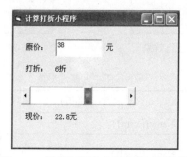

图 6-19　计算打折的小程序的运行结果

## 6.4.3　时钟控件

时钟控件（Timer）又称计时器、定时器控件，用于有规律地定时执行指定的工作，适合编写不需要与用户进行交互就可直接执行的代码，如电子表、动画等。时钟控件在工具栏中的图标为 ，在程序运行阶段，时钟控件不可见，所以其位置和大小无关紧要。

**1. 时钟控件的常用属性**

（1）Interval 属性。

Interval 属性决定了时钟控件产生 Timer 事件的间隔，它的单位是毫秒（ms），取值范围为 0 ~ 64767（包括这两个数值）。若将 Interval 属性设置为 0 或负数，则时钟控件停止工作。

　　　　时钟控件的 Interval 属性值不要设置过小，否则容易导致 Timer 事件产生过于频繁，引起 Timer 事件中所使用的处理器事件过多而降低系统的综合性能。

（2）Enabled 属性。

对于 Timer 控件，Enabled 属性用来决定计时器是否工作，将 Enabled 设置为 False，就会暂停时钟控件。只有时钟控件的 Enabled 属性被设置为 True 且 Interval 属性值大于 0 时，时钟控件才会开始工作（以 Interval 属性值为间隔，触发 Timer 事件）。

**2. 时钟控件的常用事件**

时钟控件只能响应 Timer 事件，当 Enabled 属性设置为 True 且 Interval 属性值大于 0 时，该事件以 Interval 属性指定的时间间隔，完成 Timer 事件过程中需要定时执行的操作。

例 6-14　建立一个电子表，界面如图 6-20 所示。要求如下：

（1）窗体上要动态显示当前的系统时间，并且电子表每跳一次，系统发出一声蜂鸣声。

（2）单击"停止"按钮后，电子表停止跳动，命令按钮显示变为"开始"；单击"开始"按钮后，电子表从当前时间开始恢复跳动，命令按钮显示又变为"停止"。

分析：在窗体中放置两个标签控件、一个命令按钮控件和一个时钟控件，如图 6-21 所示。其中各对象的属性设置如表 6-14 所示。

图 6-20　电子表的运行效果　　　　　图 6-21　电子表的用户界面

表 6-14　　　　　　　　　　　　　各对象的主要属性设置

| 对象 | 属性(属性值) | 属性(属性值) |
| --- | --- | --- |
| 窗体 | Name(Form1) | Caption("电子表") |
| 标签 1 | Name(Label1) | Caption("当前系统的时间是：")<br>Font（宋体，小四） |
| 标签 2 | Name(Label2) | Caption("")<br>Font（宋体，粗体，三号） |
| 命令按钮 | Name(Command1) | Caption("停止") |
| 时钟控件 | Name(Timer1) | Interval(1000)<br>Enabled(True) |

程序代码：

```
Private Sub Timer1_Timer()
    Label2.Caption = Time
    For i = 1 To 60
        Beep
    Next
End Sub
Private Sub Command1_Click()
    If Command1.Caption = "停止" Then
        Timer1.Enabled = False
        Command1.Caption = "开始"
    Else
        Timer1.Enabled = True
        Command1.Caption = "停止"
    End If
End Sub
```

结论：本例中，显示当前的系统时间是通过 Label2.Caption = Time 语句实现，而系统发出的蜂鸣声是通过 Beep 语句实现，并且为使这两个操作能定时执行，程序中采用了时钟控件的 Timer 事件。

# 6.5　图片框和图像框

大多数应用程序的用户界面，不仅包含文本，还包括各式各样的图片，图片的加入使得界面更加丰富多彩。在使用 Visual Basic 编程时，用户可以使用图片框与图像框控件为自己创建的应用程序添加图形与图片。

## 6.5.1　提出问题，解决问题

例 6-15　设计一个个人资料输入窗口，如图 6-22 所示。

分析：在设计窗口时，"性别"使用单选按钮，"民族"和"职业"使用组合框列表，"爱好"使用复选框，照片显示区域使用图片框来完成。

结论：单选按钮、组合框、复选框已在前面的章节中介绍过，而图片框控件的引入使个人资料输入的窗口更加生动化，更丰富多彩。当然，这里除了使用图片框控件显示图片外，还可以使用图像框来设置。采用图像框添加图片得到的窗口如图 6-23 所示。

图 6-22　个人资料输入窗口

图 6-23　个人资料输入窗口

## 6.5.2　图片框控件

图片框（PictureBox）控件既可用来显示图形，也可作为其他控件的容器，另外图片框对象支持 Print 方法和绘图方法，可以在对象中输出文字和图形。图片框被拖放到窗体上后，其外观是一个画框。它在工具箱中的图标为 ▦ 。

### 1.　图片框常用属性

（1）Picture 属性。

Picture 属性用来把图形装入图片框中。在图片框中显示的图形以文件形式存放在磁盘上，Visual Basic 支持以下格式的图形文件。

① 位图（bitmap）：用像素表示的图像，将它作为位的集合存储起来，每个位对应一个像素。在彩色系统中会有多个位对应一个像素。位图通常以.bmp 或.dib 为文件扩展名。

② 图标（icon）：是一种特殊类型的位图，其最大尺寸为 32×32 像素，也可以为 16×16 像素，以.ico 或.cur 为文件扩展名。

③ 图元文件（metafile）：将图像作为线、圆或多边形这样的图形对象来存储，而不是存储其像素。图元文件的类型有两种，分别是标准型（.wmf）和增强型（.emf）。在图像的大小改变时，图元文件保存图像会比像素更精确。

④ JPEG 文件: JPEG 是一种支持 8 位和 24 位颜色的压缩位图格式。它是 Internet 流行的文件

格式，以.JPEG 为文件扩展名。

⑤ GIF 文件：GIF 是一种压缩位图格式，可支持多达 256 种颜色。它是 Internet 流行的文件格式，以.GIF 为文件扩展名。

（2）AutoSize 属性。

AutoSize 属性决定了图片框控件是否自动改变大小以显示图片的全部内容。当值为 True 时，图片可以自动改变大小以显示全部内容；当值为 False 时，则不具备图片的自我调节功能。

（3）Align 属性。

Align 属性用来决定图片框出现在窗体上的位置，共有 5 个选项，如表 6-15 所示。

表 6-15　　　　　　　　　　　　　Align 属性的取值及及其含义

| 值 | 含义 |
| --- | --- |
| 0 | 默认值，表示在程序中可改变大小和位置 |
| 1 | 表示图片框和窗体上端对齐 |
| 2 | 表示图片框和窗体下端对齐 |
| 3 | 表示图片框和窗体左端对齐 |
| 4 | 表示图片框和窗体右端对齐 |

（4）Enabled 属性。

Enabled 属性用于设置是否显示图片框，其设置如表 6-16 所示。

表 6-16　　　　　　　　　　　　　Enabled 属性的取值及其含义

| 值 | 含义 |
| --- | --- |
| True | 默认值，表示要显示图片框 |
| False | 表示不显示图片框 |

（5）Visible 属性。

Visible 属性用于设置图片框是否可见，其设置如表 6-17 所示。

表 6-17　　　　　　　　　　　　　Visible 属性的取值及其含义

| 设置值 | 含义 |
| --- | --- |
| True | 表示要自动调整图片框的大小 |
| False | 默认值，表示不自动调整图片框的大小 |

### 2. 图片框常用函数

（1）LoadPicture 函数。

LoadPicture 函数是用于把图形文件装入图片框中。其使用格式为：

```
[对象].Picture=LoadPicture("文件名")
```

这里的文件名为包含全部路径名或有效路径名的图片文件名。若省略，则清除图片框中的图像。

LoadPicture 函数与 Picture 属性功能相同，但使用的时机不一样，前者在运行期间装入图形文件，而后者在设计时装入。

（2）SavePicture 函数。

SavePicture 函数是将对象或控件的 Picture 或 Image 属性保存为图形文件，其使用格式为：

```
SavePicture [对象.]Picture/Image,"文件名"
```

对象可以是窗体、图片框、影像框及有 Picture 或 Image 属性的对象，如命令按钮。

Picture/Image，是指对象的 Picture 或 Image 属性。注意，对于使用绘图方法和 Print 方法输出在窗体或图片框中的图形和文字，则只能使用 Image 属性保存，而在设计时或在运行时通过 LoadPicture 函数给 Picture 属性加载的图片，则既可使用 Image 属性，也可使用 Picture 属性来保存。

文件名为必选参数，为包含全部路径名或有效路径名的图片文件名。

### 6.5.3 图像框控件

图像框（Image）控件与图片框控件相似，都可用来显示应用程序中的图片，都支持相同的图形格式，但图像框控件不像图片框控件可作为其他控件的容器，也不支持绘图方法和 Print 方法。图像框控件在工具箱中的图标为 ▨。

图像框控件加载图片的方法和 PictureBox 中的方法一样，设计时，通过 Picture 属性装入图片，运行时，利用 LoadPicture 函数为图像框加载图片文件，格式与图片框相同。

图像框控件调整图片大小的方式与图片框控件不同，它是通过 Stretch 属性来调整的。当 Stretch 属性值为 False（默认值）时，图像框可自动改变大小以适应其中的图片；当 Stretch 的属性值为 True 时，图片可自动调整尺寸以适应图像框的大小，这可能使图片变形。

例 6-16 在窗体上放置 2 个 Image 控件 Image1 和 Image2，比较 Stretch 属性取值不同时图片显示的效果。

分析：在程序中通过代码设置 2 个 Image 控件的 Stretch 属性值，在窗体的 Load 事件中编写如下代码：

```
Private Sub Form_Load()
    Image1.Stretch = False  ' 将 Stretch 属性设置为 False
    '加载图片，不同计算机系统，图片文件的路径可能不同
    Image1.Picture =
    LoadPicture("C:\WINDOWS\Bubbles.bmp")
    Image2.Stretch = True  ' 将 Stretch 属性设置为 true
    Image2.Picture =
    LoadPicture("C:\WINDOWS\Bubbles.bmp")
End Sub
```

程序运行结果如图 6-24 所示。

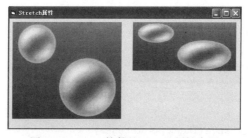

图 6-24 Image 控件的 Stretch 属性应用

结论：可以看到，当 Stretch 的属性值为 True 时，图片可自动调整尺寸以适应图像框的大小，由于本例中加载的图片尺寸比图像框尺寸大，所以图片只有缩小才能适应图像框的尺寸，这样就导致了如图 6-24 中所示的 Image2 控件中显示的图片变形的效果。

和窗体一样，图片框和图像框也可接收 Click（单击）和 DblClick（双击）事件，也可以在图片框中使用 Cls（清屏）和 Print 方法。

# 6.6 控 件 数 组

在界面设计时经常要处理一组相同类型的控件，这可使用控件数组来实现，当编写程序时就只需对控件数组编写代码，不需同时对每个控件都编写代码，从而简化了编写程序，也利于程序的设计和维护。

## 6.6.1 提出问题，解决问题

例 6-17 设计一个调色板应用程序，使用 3 个滚动条作为 3 种基本颜色的输入工具，合成的颜色显示在右边的颜色区（一个标签框），程序设计界面如图 6-25 所示。

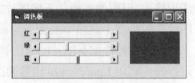

图 6-25 调色板程序

分析：在窗体上设计时，采用 3 个标签分别用于显示"红、绿、蓝"文字，另一个标签用于显示合成的颜色，而 3 种基本颜色的输入是使用 3 个滚动条来完成的，各控件的属性设置如表 6-18 所示。

表 6-18       各对象的主要属性设置

| 对象 | 属性(属性值) | 属性(属性值) |
| --- | --- | --- |
| 窗体 | Name(Form1) | Caption("调色板") |
| 标签 1 | Name(Label1) | Caption("红") |
| 标签 2 | Name(Label2) | Caption("绿") |
| 标签 3 | Name(Label3) | Caption("蓝") |
| 标签 4 | Name(labexample) | Caption("") |
| 滚动条 1 | Name(hsbColor) | Index（0） |
| 滚动条 2 | Name(hsbColor) | Index（1） |
| 滚动条 3 | Name(hsbColor) | Index（2） |

程序代码如下：

```
Private Sub Form_Load()
    For i = 0 To 2
        hsbColor(i).Max = 255
        hsbColor(i).Min = 0
    Next
End Sub
'颜色合成（使用控件数组）
Private Sub hsbColor_Change(Index As Integer)
    labexample.BackColor = RGB(hsbColor(0).Value, hsbColor(1).Value, hsbColor(2).
Value)
```

```
End Sub
Private Sub hsbColor_Scroll(Index As Integer)
    Call hsbColor_Change(Index)
End Sub
```

结论：本例中 3 个滚动条虽采用相同的名字，但并未出现报错提示，这是因为 3 个滚动条是一个控件数组，程序对各个滚动条的区分是使用控件数组的 Index 属性来实现。

## 6.6.2　控件数组的基本概念

控件数组是指相同类型的一组控件，它们具有同一个控件名称，共享同样的事件过程。控件数组中各控件是通过唯一的索引号（即下标）来区分的。

控件数组的每个元素（控件）都有与之关联的下标，下标值由 Index 属性指定，与普通数组一样，控件数组的下标也放在圆括号中，例如，3 个命令按钮构成的控件数组 cmd,3 个元素分别为 cmd(0)、cmd(1)、cmd(2)。注意：控件数组的第一个控件的下标默认为 0。

由于控件数组中的控件执行了相同的事件过程，因而为了确定控件数组中相应控件所执行的操作，Visual Basic 通过 Index 值来区分。例如，假定在窗体上建立了 3 个命令按钮，将它们的 Name 属性都设置为 cmd，双击其中一个按钮，打开程序代码窗口，可以看到在事件过程中加入了一个下标（Index）参数，即：

```
Private Sub cmd_Click(Index as Integer)
    ...
End Sub
```

现在，不论单击哪一个命令按钮，都会调用这个事件。为了确定用户单击的具体是哪一个按钮，改写上述程序代码：

```
Private Sub cmd_Click(Index as Integer)
    ...
    Select Case Index
      Case 0
      ...           '处理第 1 个命令按钮的操作
      Case 1
      ...           '处理第 2 个命令按钮的操作
      Case 2
      ...           '处理第 3 个命令按钮的操作
    End Select
    ...
End Sub
```

可以看到，在事件过程中通过返回的索引值来区分用户单击的具体是哪一个按钮，以处理不同的操作。

## 6.6.3　控件数组的建立

### 1．在设计阶段建立控件数组

在程序设计时，可使用创建同名控件及复制现有控件两种方法创建控件数组。

（1）复制现有控件法。

先在窗体上添加一个控件，并设置好该控件的相关属性，然后选中该控件，进行"复制"和

"粘贴"操作。在执行粘贴命令后，会显示一个对话框，询问是否建立控件数组，单击"是"就能建立控件数组，否则就放弃建立操作。

（2）创建同名控件法。

在属性设置窗口中，将需要定义成控件数组的同类型控件的 Name 属性依次设置成同一个名称。当将控件属性设置成同一名称时，Visual Basic 将显示一个对话框，询问是否建立控件数组，单击"是"就能建立控件数组，否则就放弃建立操作。

**2. 在运行阶段添加控件数组元素**

（1）在窗体上放置一个控件，并进行相关属性设置（此时设置的 Name 属性即控件数组名）；

（2）将该控件的 Index 属性置为 0（原先为空），这样就建立了一个控件数组，这时只有一个元素；

（3）在代码中通过 Load 方法添加其余若干元素，也可以通过 Unload 方法删除某个添加的元素。

```
Load 方法和 Unload 方法的使用格式为:
Load    控件数组名（<表达式>）
Unload   控件数组名（<表达式>）
```

其中，<表达式>为整型数据，表示控件数组的某个元素。

（4）通过 Left 和 Top 属性确定每个新添加的控件数组元素在窗体上的位置，并将 Visible 属性设置为 True。

### 6.6.4　控件数组的引用

设计程序时对控件数组元素进行引用的方法是：直接在控件数组名后指明下标，其格式为：

```
< 控件数组名 >（下标）
```

例如由三个文本框控件构成的控件数组 Text1，如果要为第一个元素的 Text 属性赋值，可使用下面的语句：Text1(0).Text= "计算机 30431"

例 6-18 设计一个霓虹灯程序，界面如图 6-26 所示。要求：利用时钟控件模拟霓虹灯的效果。

图 6-26　霓虹灯窗体

分析：本例中用 5 个标签构成一个控件数组，在属性窗口中按表 6-19 所示设置各对象的属性。

表 6-19　　　　　　　　　　　各对象的主要属性设置

| 对象 | 属性(属性值) | 属性(属性值) | 属性(属性值) |
|---|---|---|---|
| 窗体 | Name(Form1) | Caption("霓虹灯") | |
| 标签数组 | Name(Label1(0) ~ Label1(4)) | Caption("家"、"庭"、"俱"、"乐"、"部") | Index（0 ~ 4） |

程序代码如下：

```
Private Sub Form_Load()
    Dim i As Integer
    For i = 0 To 4
        Label1(i).Visible = False    '开始时隐藏标签控件数组
        Label1(i).ForeColor = vbRed
```

```
        Next i
        Timer1.Enabled = True
        Timer1.Interval = 500
    End Sub
    Private Sub Timer1_Timer()
        Static Index As Integer    '定义静态变量 index 表示当前显示的标签编号
        Dim i As Integer
        If Index <> 5 Then
            Label1(Index).Visible = True
            Index = Index + 1
        Else
            For i = 0 To 4
                Label1(i).Visible = False
            Next i
            Index = 0
        End If
    End Sub
```

结论：本例中，利用时钟控件模拟霓虹灯的效果主要是通过将控件数组的 Visible 属性值在 True 和 False 之间不断变换来实现的。

# 6.7　鼠标、键盘事件

键盘与鼠标是 Windows 应用程序与用户相接触的基础，比如鼠标的单击（Click）或双击（DblClick）事件。在 Visual Basic 中，与键盘及鼠标相关的事件占绝大多数。本节中介绍它们的应用。

## 6.7.1　鼠标事件

所谓鼠标事件，是指操作鼠标而引起的，能被 Visual Basic 中的各种对象识别的事件。鼠标事件主要包括：Click（单击）、DblClick（双击）、MouseDown（按下鼠标键）、MouseUp（释放鼠标键）、MouseMove（移动鼠标）等。

（1）Click 事件。

Click 事件是在一个对象上按下然后释放一个鼠标按钮时发生。它也会发生在一个控件的值改变时。对一个 Form 对象来说，该事件是在单击一个空白区或一个无效控件时发生。对一个控件来说，这类事件的发生是当单击控件对象的特定区域时。

Click 事件过程的语法格式为：

```
Private Sub Object_Click()
```

其中，Object 是可选的一个对象表达式，可以是窗体对象和大多数可视控件。

（2）DblClick 事件。

DblClick 是 DoubleClick 的简写，中文意思为"双击"，在 Visual Basic 中，连续点击鼠标左键两次就响应双击事件。

DblClick 事件过程的语法格式为：

```
Private Sub Object_DblClick()
```

其中，Object 是可选的一个对象表达式，可以是窗体对象和大多数可视控件。

（3）MouseDown 事件。

MouseDown 事件是按下任意鼠标键按钮时发生。MouseDown 事件过程的语法格式为：

```
Private Sub Object_MouseDown(Button As Integer, Shift As Integer, X As Single, Y As Single)
```

其中：Object 是可选的一个对象表达式，可以是窗体对象和大多数可视控件。

Button 参数表示按下或松开鼠标哪个按钮，当按下或松开鼠标的不同按钮，返回的值不同。表 6-20 列出了参数 Button 的返回值与对应的操作。

表 6-20　　　　　　　　　　参数 Button 的返回值与对应的操作

| 返回值 | 操作 |
| --- | --- |
| 0 | 未按任何键 |
| 1 | 按下左键 |
| 2 | 按下右键 |
| 3 | 同时按下左键和右键 |
| 4 | 按下中间键 |
| 5 | 同时按下中间键和左键 |
| 6 | 同时按下中间键和右键 |
| 7 | 同时按下左、中、右键 |

Shift 参数表示在 Button 参数指定的按钮被按下或者被松开时，键盘的 Shift、Ctrl 和 Alt 键的状态，通过该参数可以处理鼠标与键盘的组合操作。表 6-21 列出了参数 Shift 的返回值与对应的操作。

表 6-21　　　　　　　　　　参数 Shift 的返回值与对应的操作

| 返回值 | 操作 |
| --- | --- |
| 0 | 3 个键都未按 |
| 1 | 按下 Shift 键 |
| 2 | 按下 Ctrl 键 |
| 3 | 同时按下 Shift 键和 Ctrl 键 |
| 4 | 按下 Alt 键 |
| 5 | 同时按下 Shift 键和 Alt 键 |
| 6 | 同时按下 Ctrl 键和 Alt 键 |
| 7 | 同时按下 3 个键 |

X 和 Y 为鼠标指针的位置，通过 X 和 Y 参数返回一个指定鼠标指针当前位置的数，鼠标指针的位置使用该对象的坐标系统表示。

例 6-19 设计一个识别用户所按键的应用程序，要求：当用户将鼠标移动到窗体上时，如果按下左键，则窗体上显示"你按下的是左键"；如果按下右键，则窗体上显示"你按下的是右键"。

分析：可使用 MouseDown 事件来识别用户所按的键。

程序代码：

```
Private Sub Form_MouseDown(Button As Integer, Shift As Integer, X As Single, Y As Single)
    Select Case Button
    Case 1
        Form1.Print "你按下的是左键"
    Case 2
        Form1.Print "你按下的是右键"
    End Select
End Sub
```

结论：程序通过 MouseDown 事件中 Button 参数的值来识别用户按下的是左键还是右键。运行后，若用户按下左键，显示结果如图 6-27（a）所示；若用户按下右键，显示结果如图 6-27（b）所示。

（a）按下鼠标左键运行结果　　　　　　（b）按下鼠标右键运行结果

图 6-27　程序运行结果

（4）MouseUp 事件。

MouseUp 事件是释放任意鼠标键按钮时发生。MouseUp 事件过程的语法格式为：

```
Private Sub Object_MouseUp(Button As Integer, Shift As Integer, X As Single, Y As Single)
```

其中 Object、Button、Shift、X 和 Y 参数的含义及其用法与 MouseDown 事件中 Object、Button、Shift、X 和 Y 参数完全相同。

（5）MouseMove 事件。

MouseMove 事件是每当鼠标指针移动到屏幕新位置时发生。MouseMove 事件过程的语法格式为：

```
Private Sub Object_MouseMove(Button As Integer, Shift As Integer, X As Single, Y As Single)
```

其中 Object、Button、Shift、X 和 Y 参数的含义及其用法与 MouseDown 事件中 Object、Button、Shift、X 和 Y 参数完全相同。

例 6-20 设计一个探测鼠标位置的应用程序，要求：当用户在窗体上移动鼠标时，则在窗体上的文本框中会显示出当前鼠标的位置。

分析：在窗体左上角放置 1 个文本框，并在属性窗口中按表 6-22 所示设置对象的属性。

表 6-22　　　　　　　　　　　　　各对象的主要属性设置

| 对象 | 属性(属性值) | 属性(属性值) |
| --- | --- | --- |
| 窗体 | Name(Form1) | Caption("探测鼠标位置") |
| 文本框 | Name(Text1) | Text("") |

程序代码如下：

```
Private Sub Form_MouseMove(Button As Integer, Shift As Integer, X As Single, Y As Single)
    Text1.Text = "X=" & X & " Y=" & Y
```

```
End Sub
```

结论：程序通过 MouseMove 事件中 X 和 Y 参数值返回鼠标指针当前位置。在移动鼠标时，由于鼠标当前位置会不断变更，因而文本框中的内容也会不断被更新。图 6-28 为鼠标处于某一位置的运行效果图。

图 6-28　程序运行结果

## 6.7.2　键盘事件

键盘事件是指能够响应各种按键操作的 KeyPress、KeyUp 及 KeyDown 事件，通过编写键盘事件的代码，可以响应和处理大多数的按键操作，解释并处理 ASCII 字符。注意：只有获得焦点的对象才能够接收键盘事件。

（1）KeyPress 事件。

KeyPress 事件是当用户按下和松开一个 ASCII 字符键时发生。该事件被触发时，被按键的 ASCII 码将自动传递给事件过程的 KeyAscii 参数。在程序中，通过访问该参数，即可获知用户按下了哪个键，并可识别字母的大小写。其语法格式为：

```
Private Sub Object_KeyPress(KeyAscii As Integer)
```

其中，Object 是指窗体或控件对象名，参数 KeyAscii 是被按下字符键的标准 ASCII 码。

如果在应用程序中，通过编程来处理标准 ASCII 字符，应使用 KeyPress 事件。

例 6-21 将输入文本框中的所有字符都强制转换为大写字符。

分析：可使用 KeyPress 事件将输入的每一个字符转换为大写。

程序代码：

```
Private Sub Text1_KeyPress(KeyAscii As Integer)
    KeyAscii = Asc(UCase(Chr(KeyAscii)))
End Sub
```

结论：这里通过设置 KeyAscii 参数，返回转换后的大写字符的 ASCII 码值。Chr 函数将 ASCII 码转换成对应的字符，UCase 函数将字符转换为大写，Asc 函数将字符转换为 ASCII 码。

例 6-22 通过编程序，在一个文本框（Text1）中限定只能输入数字。

分析：可使用 KeyPress 事件对输入的每一个字符进行判断，当用户按下的不是 0～9 的数字字符时，使用 KeyPress 事件给用户进行提示，并使输入的值不在文本框中显示出来。

程序代码：

```
Private Sub Text1_KeyPress(KeyAscii As Integer)
    If KeyAscii < 48 Or KeyAscii > 57 Then '按键是不是 0～9
        MsgBox "数字非法! 只能输入数字字符"
        KeyAscii = 0 '撤销该字符, 也不显示
    End If
End Sub
```

结论：这里通过判断 KeyAscii 参数值是否在 48～57 之间，是就显示输入，不是则使用 MsgBox 函数进行提示，并使输入的字符不显示在文本框中。

（2）KeyDown 和 KeyUp 事件。

KeyDown 事件是当一个对象具有焦点时按下时发生，KeyUp 事件是当一个对象具有焦点时

松开一个键时发生。当控制焦点位于某对象上时，按下键盘中的任意一键，则会在该对象上触发 KeyDown 事件，当松开该键时，将触发 KeyUp 事件，之后产生 KeyPress 事件。其语法格式为：

```
Private Sub Object_KeyDown(KeyCode As Integer, Shift As Integer)
Private Sub Object_KeyUp(KeyCode As Integer, Shift As Integer)
```

其中参数 KeyCode 表示按下的物理键，通过 ASCII 值或键代码常数来识别键。由于大小写字母使用同一物理键，因而大小写字母的 KeyCode 相同，且都为大写字母的 ASCII 码，但 KeyCode 参数可区分开主键盘的数字键与小键盘的数字键。

Shift 参数表示 Shift、Ctrl 和 Alt 键的状态，其含义与 MouseMove、MouseDown、MouseUp 事件中的 Shift 参数完全相同。

为区分大小写，KeyDown 和 KeyUp 事件需要使用 Shift 参数，而 KeyPress 事件将字母的大小写作为两个不同的 ASCII 字符处理。

例如，下面的代码利用 Shift 参数判断是否按下了字母的大写形式。

```
Private Sub Text1_KeyDown(KeyCode As Integer, Shift As Integer)
    If KeyCode = vbKeyB And Shift = 1 Then
        MsgBox "You pressed the uppercase B key"
    End If
End Sub
```

数字与标点符号键的键代码与键上数字的 ASCII 码相同，因此 "1" 和 "!" 的 KeyCode 都是 "1" 对应的 ASCII 码，因而，为检测 "!"，需使用 Shift 参数。例如：

```
Private Sub Text1_KeyDown(KeyCode As Integer, Shift As Integer)
    If KeyCode = vbKey1 And Shift = 1 Then
        MsgBox "You pressed the ! key"
    End If
End Sub
```

例 6-23 在窗体上放一图像框并设置其 Picture 属性，要求用方向键实现图片的移动，移动的范围是窗体的内部。仅使用方向键则移动的步长较小；若同时按住 Ctrl 键，则移动的步长较大。

分析：可采用 KeyDown 事件来完成图片的移动；利用 Shift 参数取值来设计移动的步长；通过 KeyCode 参数的取值来判断按下的方向键，并以此来控制图片的移动（左、上、右、下方向键的 KeyCode 取值分别为 37、38、39 和 40）。

在属性窗口中按表 6-23 所示设置各对象的属性。

表 6-23　　　　　　　　　　　　各对象的主要属性设置

| 对象 | 属性(属性值) | 属性(属性值) |
| --- | --- | --- |
| 窗体 | Name(Form1) | Caption("图片的移动") |
| 图像框 | Name(Image1) | Stretch(True) |

程序代码如下：

```
Private Sub Form_KeyDown(KeyCode As Integer, Shift As Integer)
    If Shift = 2 Then
        p = 500
    Else
        p = 100
    End If
```

```
        Select Case KeyCode
            Case 37          '按"←"
                If Image1.Left - p >= 0 Then
                    Image1.Left = Image1.Left - p
                Else
                    Image1.Left = 0
                End If
            Case 38          '按"↑"
                If Image1.Top - p >= 0 Then
                    Image1.Top = Image1.Top - p
                Else
                    Image1.Top = 0
                End If
            Case 39          '按"→"
                If Image1.Left + p <= Form1.ScaleWidth - Image1.Width Then
                    Image1.Left = Image1.Left + p
                Else
                    Image1.Left = Form1.ScaleWidth - Image1.Width
                End If
            Case 40          '按"↓"
                If Image1.Top + p <= Form1.ScaleHeight - Image1.Height Then
                    Image1.Top = Image1.Top + p
                Else
                    Image1.Top = Form1.ScaleHeight - Image1.Height
                End If
        End Select
End Sub
```

结论：为了使移动的范围是窗体的内部，程序中采用了 If 语句，以此实现图片移动过程中图像框的 Left 和 Top 属性值不会超出窗体的范围。程序运行后的效果如图 6-29 所示。

图 6-29　图片移动窗口

# 6.8　小　　结

作为一个可视化的编程工具，VB 提供了许多控件以方便用户进行面向对象程序设计。本章系统介绍了标签、文本框、命令按钮单选按钮、复选框、框架、滚动条、列表框、组合框、时钟图像框、图片框等几种标准控件，详细讲解了这些控件的功能、属性、方法和事件。除此之外，还介绍了大多数对象经常需要使用的鼠标、键盘事件，讲解了 Click（单击）、DblClick（双击）、MouseDown（按下）、MouseUp（松开）、MouseMove（鼠标移到）等鼠标事件，以及 KeyPress、KeyUp 及 KeyDown 事件等键盘事件，读者可以根据需要来选择对象编写相应的事件代码。

# 习　　题

**一、判断题**

1. 如果要时钟控件每分钟发生一个 Timer 事件，则 Interval 属性应设置为 1；Interval 属性值为 0 时，表示屏蔽计时器。

2. 如果将框架控件的 Enabled 属性设为 False，则框架内的控件都不可用。

3. 要在同一窗体中建立几组相互独立的单选按钮，就要用框架将每一组单选按钮框起来。

4. 触发 KeyPress 事件必定触发 KeyDown 事件。

5. 组合框的 Change 事件在用户改变组合框的选中项时被触发。

6. 移动框架时框架内的控件也跟随移动，并且框架内各控件的 Top 和 Left 属性值也将分别随之改变。

二、选择题

1. 当复选框 Value 属性值为（　　）时表示该复选框被选中。

    A. 0　　　　　　　　B. 1　　　　　　　　C. 2　　　　　　　　D. 3

2. 若要得到列表框中项目的数目，可以访问（　　）属性。

    A. List　　　　　　B. ListIndex　　　　C. ListCount　　　　D. Text

3. 若要清除列表框的所有项目内容，可以使用（　　）方法。

    A. AddItem　　　　B. Remove　　　　　C. Clear　　　　　　D. Print

4. 删除列表框中某一个项目，需要使用（　　）方法。

    A. Clear　　　　　B. Remove　　　　　C. Move　　　　　　D. RemoveItem

5. 若要获得滚动条的当前位置，可以通过访问（　　）属性来实现。

    A. Value　　　　　B. Max　　　　　　C. Min　　　　　　　D. LargeChange

6. 设置计时器的时间间隔可以通过（　　）属性来实现。

    A. Value　　　　　B. Text　　　　　　C. Max　　　　　　　D. Interval

7. 暂时关闭计时器，需设置（　　）属性。

    A. Visible　　　　B. Enabled　　　　　C. Lock　　　　　　　D. Cancel

8. RGB 函数通过红、绿、蓝三基色混合产生某种颜色，其语法为 RGB（红、绿、蓝），括号中红、绿、蓝三基色的成分使用 0 ~ 255 之间的整数。若使用 3 个滚动条分别输入 3 种基色，为保证输入数值有效，则应设置（　　）属性。

    A. Max 和 Min　　　　　　　　　　　B. SmallChange 和 LargeChange

    C. Scroll 和 Change　　　　　　　　　D. Value

9. 滚动条单击边上的箭头按钮移动的大小由（　　）设定。

    A. Change　　　　B. SmallChange　　C. Scroll　　　　　　D. Max

10. 下拉式组合框的 Style 属性值为（　　）。

    A、0　　　　　　　B. 1　　　　　　　　C. 2　　　　　　　　D. 3

11. 将定时器的时间间隔设置为 1 秒，那么定时器的 Interval 属性应设置为（　　）。

    A. 1000　　　　　B. 1　　　　　　　　C. 100　　　　　　　D. 10

12. 不能作为容器的对象是（　　）。

    A. 窗体　　　　　B. 框架　　　　　　C. 图片框　　　　　　D. 图像框

13. 复选框控件其 Value 属性的可取值是（　　）。

    A. True 和 False　B. 0 和 1　　　　　C. 1、2、3　　　　　D. 0、1、2

14. 以下关于复选框的说法，正确的是（　　）。

    A. 一个窗体上的所有复选框一次只能有一个被选中

    B. 一个容器中的所有复选框一次只能有一个被选中

C．在一个容器中的复选框可以同时有多个被选中

D．无论是在容器中还是在窗体中，都不可以同时选中多个复选框

### 三、填空题

1．设置框架 Frame 上的文本内容需要使用_____属性。

2．若屏蔽框架上的控件对象，则需设置_____属性的值为 False。

3．列表框 ListBox 中项目的序号从_____开始到_____结束。

4．使用滚动条 ScrollBar 时，若要设置用鼠标单击两个滚动箭头之间区域的滚动幅度，需使用_____属性。

5．若要设置水平或垂直滚动条的最小值，需使用_____属性。

6．计时器 Timer 每经过一个由 Interval 属性指定的时间间隔就会触发一次_____事件。

7．若要使计时器每 0.5 秒钟触发一次 Timer 事件，则要把 Interval 属性值设置为_____。

8．在鼠标事件中（如 MouseMove 事件），Shift 参数为 1 表示在操作鼠标的同时也按下键盘上的 Shift 键，为 2 表示同时也按下了键盘上的 Ctrl 键，那么 Shift 参数为 3 时，表示同时按下键盘上的_____。

### 四、编程题

1．新建一个工程，完成"点餐"程序的设计，程序运行界面如图 6-30 所示。具体要求如下。

（1）窗体的标题为"点餐"。

（2）窗体中有以下控件：1 个框架控件作为容器，内有 3 个复选框数组、对应的 3 个文本框数组和 3 个标签框，1 个命令按钮。

（3）要求文本框只能接受数字键，并且只有选取了相应的套餐后才可以进行输入；如果没有选取大套餐，那么文本框不能编辑，并清空。

（4）完成以下功能：选择所需套餐种类及份数，单击确定按钮后计算所需的钱，并用消息框显示。

2．设计一个如图 6-31 所示的点歌程序。窗体包含两个列表框，当双击歌谱列表框中的某首歌时，此歌便添加到已点歌曲列表框中，在已点的歌列表框双击某歌时，此歌便被删除。

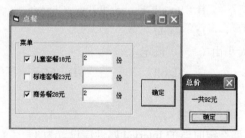

图 6-30 "点餐"程序

图 6-31 点歌程序

## 本章实训

### 【实训目的】

熟练掌握常用控件与事件的使用方法，能够进行具有一定难度的程序界面设计。

【实训内容与步骤】

（1）设计一个"个人资料"输入窗口，程序运行界面如图 6-32 所示。具体要求如下。

① 按照运行界面设计窗体，其中"民族"用组合框显示。

② 单击"确定"按钮，将个人资料信息输出在"个人资料"框架的标签框中。

程序代码如下：

```
Private Sub Command1_Click()
    Dim s As String, h As String
    If Option1.Value Then       '判断性别
        s = Option1.Caption
    Else
        s = Option2.Caption
    End If
    '判断爱好
    If Check1.Value = 1 Then h = h & "  " & Check1.Caption
    If Check2.Value = 1 Then h = h & "  " & Check2.Caption
    If Check3.Value = 1 Then h = h & "  " & Check3.Caption
    If Check4.Value = 1 Then h = h & "  " & Check4.Caption
    '将个人资料信息在"个人资料"框架的标签框中显示输出

    _____

End Sub
Private Sub Command2_Click()
    End
End Sub
```

（2）设计一个家电提货单管理程序，程序运行界面如图 6-33 所示，具体要求如下：

① 根据选项中选择的家电及数量，单击"确定"按钮后，将选择的清单及总价在列表框中列出。

② 每选择一种家电，光标自动定位在相应的文本框中，取消选择时，相应的文本框自动清空。

③ "清除"按钮用于清空列表框中的项目。

④ 所有文本框只接受数字。

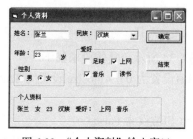

图 6-32　"个人资料"输入窗口

图 6-33　家电提货单管理程序

程序代码如下：

```
Private Sub Check1_Click(Index As Integer)
    Text1(Index) = ""
    If Check1(Index).Value = 1 Then       '使被选中家电对应的文本框获得焦点
        Text1(Index).SetFocus
    End If
End Sub
Private Sub Command1_Click()
```

```
Dim i As Integer
Dim sum As Long, n%              'sum 表示合计金额，n 表示被选中家电的总数量
Dim title As String, price As Integer
sum = 0
For i = 0 To 4
    Select Case i               '用 title 和 price 变量来存储家电名称及价格
        Case 0
            title = "彩电"
            price = 3580
        Case 1
            title = "微波炉"
            price = 660
        Case 2
            title = "电冰箱"
            price = 1850
        Case 3
            title = "DVD"
            price = 2880
        Case 4
            title = "空调"
            price = 5500
    End Select
    If Check1(i).Value = 1 And Text1(i).Text <> "" Then    '选择的家电及数量在列表框中列出
        List1.AddItem title & " " & Text1(i).Text & "台"
        _____     '求出合计金额
        _____     '求出被选中家电的总数量
    End If
Next i
If sum <> 0 Then
    List1.AddItem "共计: " & n & "台  " & "合计金额:" & sum & "元"
End If
End Sub
Private Sub Command2_Click()
    _____                 '清空列表框 List1 中的项目
End Sub
```

（3）设计一个"秒表计时"程序，运行界面如图 6-34 所示。具体要求如下。

① 标签 Label1 用来显示累计的时间，Caption 初值设置为 0，Autosize 设置为 True，字体、字号、颜色等属性自定。

② 定时器 Timer1 的 Interval 设置为 1 秒，Enabled 初值设为 False。

③ 命令按钮 Command1 的标题设置为"计时开始"用来启动计时器，当计时开始后标题变为"停止"则关闭计时器，同时以消息框显示一共运行几小时几分几秒。

图 6-34  "秒表计时"程序

（4）设计一个"字号设置"程序，运行界面如图 6-35 所示。具体要求如下。

① 在文本框中输入 10～40 范围内的数值后，滚动条的滚动框会滚动到相应位置，同时标签的字号也会相应改变。

② 当滚动条的滚动框的位置改变后，文本框中也会显示出相应的数值，标签的字号也会相应改变。

图 6-35　字号设置程序

# 第7章
# 界面设计

对于用户而言，系统好不好用主要取决于界面，因为不管代码多么复杂，或系统功能多么强大，如果界面不美观，或者界面操作繁琐，那么我们设计的程序将无人问津。本章我们来讨论在进行 VB 程序设计时，主要用到的几种界面设计工具。

## 7.1 对 话 框

对话框是一种特殊的窗体，一般情况下没有"最大化"按钮和"最小化"按钮，只有一个"关闭"按钮。在 Visual Basic 中，对话框主要分为 3 类。

（1）系统预测定义的对话框，如 InputBox（又称为输入框）和 MsgBox（又称消息框）。

（2）用户自定义对话框。

（3）通用对话框。

下面主要介绍用户自定义对话框和通用对话框。

### 7.1.1 自定义对话框

实际上，我们在设计一个窗体时就是设计一个自定义的对话框，只是对话框的大小一般不能改变，而且没有"最大化"按钮和"最小化"按钮。要达到这两个设计效果，必须把窗体的 BorderStyle 属性设置为 3（FixedDialog），并把 MaxButton 属性和 MinButton 属性都设置为 False，前者是把窗体的边界设置为固定的，即不能随意手动改变边界大小；后者的设置表示窗体没有"最大化"按钮和"最小化"按钮。

用户还可以使用系统提供的对话框的模板，点击"工程"菜单中的"添加窗体"命令，单击"添加窗体"对话框，里面有一些对话框的模板供用户直接使用，如"登录"对话框、展示屏幕和日积月累等，如图 7-1 所示。

有关这些对话框的具体用法，请参阅 Visual Basic 的系统帮助或其他相关文档。

### 7.1.2 通用对话框

应用程序经常需要进行打开、保存、打印等操作，这就需要开发系统提供相应的对话框以方便使用，在 Visual Basic 中，这些对话框称为"公共对话框"，它被设计成一个叫做 Common Dialog 的控件，这个控件为用户提供一组标准的通用对话框。

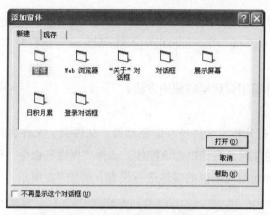

图 7-1 "添加窗体"对话框

默认情况下，这个控件并不显示在工具箱中，需要用户自行添加至工具箱。单击"工程"菜单中的"部件"命令，打击"部件"对话框，选中"Microsoft Common Dialog Control 6.0"，单击"确定"即可往工具箱中添加此控件，如图 7-2 所示。

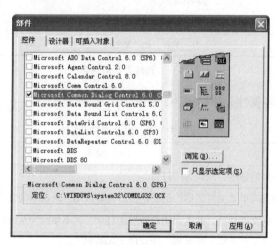

图 7-2 添加"公共对话框"控件

在运行时"公共对话框"控件是不可见的，所以该控件可以放置在窗体的任何位置。用户可以通过设置"公共对话框"控件的 Action 属性或调用相应的方法来确定运行时打开哪种类型的对话框，具体如表 7-1 所示。

表 7-1 通用对话框的方法与 Action 属性

| 数值 | 方法 | 说明 |
| --- | --- | --- |
| 1 | ShowOpen | 显示"打开"对话框 |
| 2 | ShowSave | 显示"保存"对话框 |
| 3 | ShowColor | 显示"颜色"对话框 |
| 4 | ShowFont | 显示"字体"对话框 |
| 5 | ShowPrinter | 显示"打印"对话框 |
| 6 | ShowHelp | 显示"帮助"对话框 |

如在窗体中添加一个"公共对话框"控件和一个命令按钮,在按钮的单击事件中输入代码"CommonDialog1.Action = 1"或"CommonDialog1.ShowOpen",运行时单击按钮即可显示一个"打开"对话框。

下面分别介绍这几种通用对话框的使用方法。

（1）"打开"对话框。

"打开"对话框用于打开指定文件所在的驱动器、文件夹、文件名及扩展名等。在窗体上创建一个"公共对话框"控件后,右键单击该控件,选择"属性"命令,即可弹出"属性页"对话框,该对话框可以对各种通用对话框的属性进行设置,如图 7-3 所示。

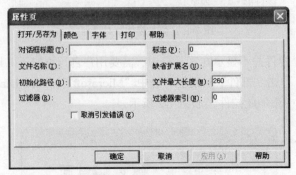

图 7-3  "属性页"对话框

"属性页"对话框中各属性介绍如表 7-2 所示。

表 7-2                    "属性页"对话框各属性介绍

| 属性 | 说明 |
| --- | --- |
| 对话框标题 | 设置对话框的标题,默认为"打开" |
| 文件名称 | 设置进度条巧事"文件名称"的默认值,并返回用户所选中的文件名 |
| 初始化路径 | 设置初始的文件目录,并返回用户所选的目录。若不填则为系统默认当前目录 |
| 过滤器 | 设置显示的文件类型,格式为:文字描述\|通配符 |
| 标志 | 设置对话框的一些选项,可以是多个值的组合 |
| 默认扩展名 | 设置默认的扩展名,当保存文件时没有指定扩展名,则该文件的扩展名为此属性值 |
| 文件最大长度 | 设置文件的最大字节数,属性范围是 1~32KB,默认值是 256B |
| 过滤器索引 | 设置过滤器时,指定默认的过滤器。对于定义的第一个过滤器其索引是 1 |

如把对话框标题设为"打开",初始化路径设为"c:\",过滤器设为"所有文件(*.*)|*.*|Word文档(*.doc)|*.doc|文本文件(*.txt)|*.txt",过滤器索引设为 2,其余属性都为默认时的效果如图 7-4 所示。

例 7-1 在"打开"对话框中选定一个文件,并把该文件的文件名显示在一个文本框中。

程序界面如图 7-6 所示,当单击"打开指定文件"按钮时,弹出如图 7-5 所示的"打开"对话框,选定某文件后,其文件名显示在文本框中。程序代码如下所示:

```
Private Sub Command1_Click()
CommonDialog1.InitDir = "c:\"
```

```
CommonDialog1.Filter = "所有文件(*.*)|*.*|Word文档(*.doc)|*.doc|文本文件(*.txt)|*.txt"
CommonDialog1.ShowOpen
Text1.Text = CommonDialog1.FileName
End Sub
```

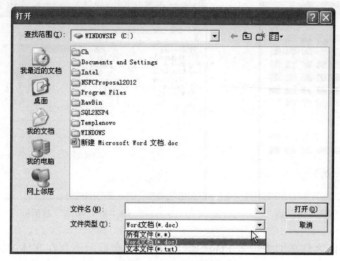

图 7-4　"打开"对话框

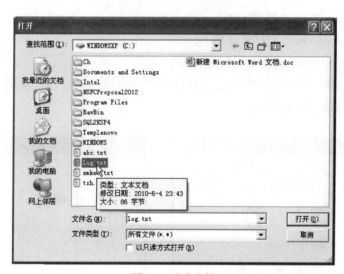

图 7-5　选定文件

（2）"另存为"对话框。

"另存为"对话框用于指定文件所要保存的驱动器、文件夹、文件名、扩展名等信息。它的使用步骤和"打开"对话框一样，只需在最后使用"公共对话框"控件的 ShowSave 方法即可，在此不再赘述。

（3）"颜色"对话框。

"颜色"对话框用于在调色盘中选择颜色，或者创建自定义颜色，如图 7-7 所示。当用户选中某一颜色后，系统把该颜色的值赋值给 Color 属性。

图 7-6　显示文件名

（4）"字体"对话框。

"字体"对话框用于设置并返回字体的样式、大小、效果等，如图 7-8 所示。

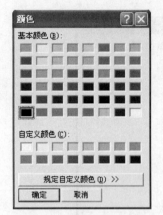

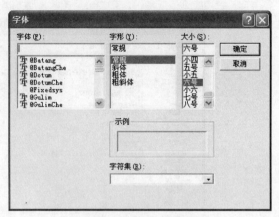

图 7-7  "颜色"对话框        图 7-8  "字体"对话框

使用字体对话框之前必须先设置 Flags 属性，否则将会提示不存在字体的错误。Flags 属性有以下取值：

1 或 cdlCFScreenFonts（屏幕字体）；

2 或 cdlCFPrinterFonts（打印机字体）；

3 或 cdlCFBoth（＝1+2，两种字体都有）。

例 7-2 设置文本框 text1 的字体格式，字体设为"华文行楷"，字形为"常规"，大小为"小一"，如图 7-9 所示，效果如图 7-10 所示。

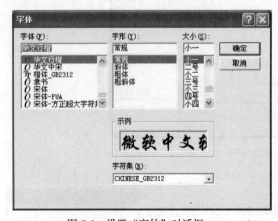

图 7-9  设置"字体"对话框        图 7-10  设置字体后的效果

可以在命令按钮的单击事件中使用如下代码：

```
CommonDialog1.ShowFont
Text1.FontName = CommonDialog1.FontName
Text1.FontSize = CommonDialog1.FontSize
```

# 7.2　菜　单

在 Windows 环境下，几乎所有应用软件的操作都可以通过菜单来实现。菜单在应用程序中占据了十分重要的地位。在实际应用中，菜单可以分为两类：下拉式菜单和弹出式菜单，分别如图 7-11 和图 7-12 所示。下拉式菜单一般通过点击菜单标题的方式打开，而弹出式菜单通过鼠标右键的方式打开。

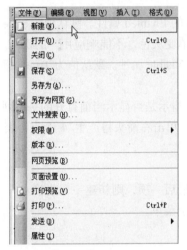

图 7-11　下拉式菜单

图 7-12　弹出式菜单

下面分别介绍这两种菜单的具体用法。

## 7.2.1　下拉式菜单

与控件不同的是，菜单不在 VB 的工具箱中，菜单设计必须依赖于菜单编辑器。单击"工具"菜单的"菜单编辑器"就可以打开菜单编辑器，如图 7-13 所示。

图 7-13　菜单编辑器

菜单编辑器的各属性说明如下。

（1）标题：设置菜单的标题，相当于控件的 Caption 属性。

（2）名称：设置菜单的名称，相当于控件的 Name 属性，不在菜单中出现。

（3）索引：设置菜单控件数组的下标，相当于控件数组的 Index 属性。

（4）快捷键：设置菜单的快捷键，默认值为 None。

（5）帮助上下文 ID：指定数值，用来在帮助文件中查找相应的帮助主题。

（6）协调位置：当窗体存在 OLE 控件时，确定菜单是否及如何在窗体中显示。

（7）复选：选择该项时，在菜单项的旁边加一个指定的记号（√），指示该菜单当前是否处于活动状态。

（8）有效：设置菜单的操作状态，相当于控件的 Enabled 属性。默认值为 True，即该菜单可以响应用户的操作。若设置为 False，则相应的菜单变灰色，不能响应用户的操作。

（9）可见：设置菜单是否可见，相当于控件的 Visible 属性。默认值为 True，即菜单可见。若设置为 False，则该菜单暂时从菜单中去掉。

（10）显示窗口列表：用于 MDI 应用程序中，指示是否显示当前打开的一系列子窗口。

（11）左、右箭头：用于产生或取消内缩符号。单击右箭头将产生 4 个点，表示该菜单作为上一个菜单的子菜单。单击左箭头将删除 4 个点。

（12）上、下菜单：用于调整菜单的上下位置。

（13）下一个：从选定菜单移到下一项，若是最后一项，则新建一个菜单。

（14）插入：在当前选定菜单的上一行新建一个菜单。

（15）删除：删除选定的菜单。

说明：

（1）内缩符号由 4 个点组成，它表示菜单所在的层次。若一个菜单名前有 4 个点，则表示该菜单是第二级菜单，有 8 个点表示第三级菜单，以此类推。VB 规定菜单系统最多可达 6 级，一般情况下不超过 3 级。

（2）标题栏内输入 "-"，则产生一个分隔符。但分隔符只能作为第二级菜单，不能设计为顶级菜单，即符号 "-" 前要有 4 个点。

（3）除了分隔符外，其他菜单都可以响应 Click 事件。

（4）在输入标题时，若在字母前输入 "&"，则运行时在字母处加一个下画线。

例 7-2 设计简易的文件菜单。设计界面如图 7-14 所示，运行结果如图 7-15 所示。

图 7-14　自制"文件"菜单

图 7-15　点击"新建"命令

各菜单属性设置如表 7-3 所示。

表 7-3　　　　　　　　　　　　　　　　菜单属性

| 菜单 | 名称 | 快捷键 |
|------|------|--------|
| 文件 | File | Ctrl+F |
| 新建 | New | Ctrl+N |
| 关闭 | Close | Ctrl+C |
| 退出 | Quit | Ctrl+Q |

在窗体创建一个文本框，其 Visible 属性设置为 False，当单击"新建"命令时，文本框的 Visible 属性变成 True，当单击"关闭"命令时，又设成可见。单击"退出"命令就关闭窗体，代码如下：

```
Private Sub close_Click()
Text1.Visible = False
End Sub
Private Sub new_Click()
Text1.Visible = True
End Sub
Private Sub quit_Click()
End
End Sub
```

## 7.2.2　弹出式菜单

弹出式菜单是一种独立于菜单栏而显示在窗体上的浮动菜单，即它不需要在窗口顶部下拉打开，而是通过单击鼠标右键在窗体的位置打开，因而使用更加灵活。

建立弹出式菜单首先需要在菜单编辑器中建立菜单，其方法与建立下拉式菜单相似，只是在可见属性中必须设置为 False。然后在窗体的 MouseDown 事件或 MouseUp 事件中调用 PopupMenu 方法。PopupMenu 方法的格式为：

对象．PopupMenu 菜单名[,flags[,x[,y[,BoldCommand]]]]

说明：

（1）对象是指当前对象，若是当前窗体则可以省略；

（2）菜单名是菜单编辑器中建立的菜单名称（至少有一个子菜单项）；

（3）flags 参数是一个数值或符号常量，用来指定弹出式菜单的位置及行为，其值一部分用于指定菜单位置，另一部分用于定义菜单的特殊行为，如表 7-4 和表 7-5 所示。

表 7-4　　　　　　　　　　　　flags 参数位置常数的说明

| 位置常量 | 值 | 作用 |
|----------|-----|------|
| vbPopupmenuLeftAlign | 0 | 缺省值，指定 x 坐标作为弹出式菜单的左上角 |
| vbPopupMenuCenterAlign | 4 | 指定 x 坐标作为弹出式菜单上框的中央位置 |
| vbPopupMenuRightAlign | 8 | 指定 x 坐标作为弹出式菜单的右上角 |

表 7-5　　　　　　　　　　　　flags 参数行为常数的说明

| 行为常量 | 值 | 作用 |
|----------|-----|------|
| vbPopupMenuLeftButton | 0 | 菜单命令只接受鼠标左键单击 |
| vbPopupMenuRightButton | 2 | 菜单命令可接受左键和右键单击 |

（4）x 和 y 分别表示弹出式菜单显示位置的横坐标和纵坐标，若省略，则在光标的当前位置显示；

（5）BoldCommand 参数指定以粗字体出现的菜单项，只能有一个菜单项被加粗。

（6）通常把 PopupMenu 方法放在窗体或控件的 MouseDown 事件中，该事件响应所有的鼠标单击事件，这个事件可以用 Button 变量来操作。对于鼠标而言，左键的 Button 值是 1，右键的 Button 值是 2。因此下面的语句可以通过单击鼠标右键来弹出菜单：

```
If Button = 2 Then PopupMenu 菜单名
```

例 7-3 设置一个文本框，在文本框内右键单击时出现"剪切"、"复制"和"粘贴"命令。如图 7-16 所示，右键时出现"剪切"命令和"复制"命令，"粘贴"命令不可用；当剪切或复制完成时，"粘贴"命令恢复可用，如图 7-17 所示。

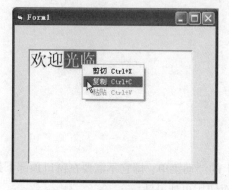

图 7-16 执行"复制"命令

图 7-17 执行"粘贴"命令

完成设计之后的菜单编辑器如图 7-18 所示。

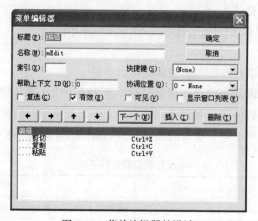

图 7-18 菜单编辑器的设计

主要代码如下：

```
Private Sub Form_Load()
mPaste.Enabled = False              '粘贴命令不可用
End Sub
Private Sub mCopy_Click()
Clipboard.SetText Text1.SelText     '将选中文本存在剪贴板
```

```
    mPaste.Enabled = True              '粘贴命令恢复可用
    End Sub
    Private Sub mCut_Click()
    Clipboard.SetText Text1.SelText
    Text1.SelText = ""                 '剪切后选中文本消除
    mPaste.Enabled = True
    End Sub
    Private Sub mPaste_Click()
    Text1.SelText = Clipboard.GetText   '将剪贴板文本插入文本框中
    End Sub
    Private Sub Text1_MouseDown(Button As Integer, Shift As Integer, X As Single, Y As
Single)
    If Button = 2 Then PopupMenu mEdit
    End Sub
```

# 7.3　工具栏和状态栏

在许多 Windows 应用程序中，都存在工具栏和状态栏，它们的存在使得应用程序的各种操作更加方便。本节我们来讨论工具栏和状态栏的使用方法。

## 7.3.1　工具栏

工具栏提供了应用程序中常用命令的快捷操作方式，它一般位于菜单栏的下面。

创建一个工具栏的步骤如下。

（1）将 ToolBar 控件与 ImageList 控件添加到工具箱。工具栏控件和图像列表控件一般情况下不出现在工具箱中，用户需要手动将它们添加至工具箱。执行"工程"菜单的"部件"命令，在"部件"对话框中选择"Microsoft Windows Common Controls"选项，单击确定即可，如图 7-19 所示。这样在工具箱中添加了很多控件，其中就有工具箱控件和图像列表控件。

（2）将工具栏控件和图像列表控件添加至窗体。效果如图 7-20 所示，因为图像列表控件在运行时不显示出来，所以该控件可以拖放在窗体的任何位置。

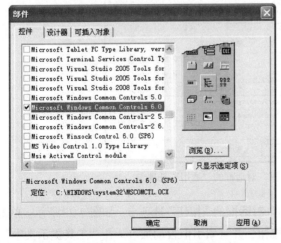

图 7-19　添加工具栏控件和图像列表控件

图 7-20　创建工具栏控件和图像列表控件

（3）为图像列表控件添加图片。图像列表控件不能单独，它只是一个图像的容器，专门存储其他控件需要显示的图像。要使工具栏能够显示常用命令的图像，必须先把这些图像添加至图像列表控件，然后将工具栏控件与图像列表控件相关联。

单击右键点击图像列表控件的"属性"命令，在弹出的"属性页"对话框中选择"图像"选项卡，再点击"插入图片"按钮选择需要的图片即可把图片添加进来。添加图片后，系统会自动为每张图片分配一个索引号，在工具栏控件与图像列表控件相关联时，调用该图片的索引号即可显示该图片，如图 7-21 所示。

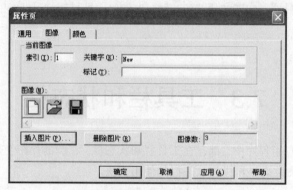

图 7-21　为图像列表控件添加图片

（4）使工具栏控件与图像列表控件相关联。工具栏控件创建完毕后，它显示在窗体的上方。单击右键工具栏控件选择"属性"命令，弹出"属性页"对话框如图 7-22 所示。在"通用"选项卡的"图像列表"下拉列表中选择 ImageList1，即可使工具栏控件与图像列表控件相关联。"通用"选项卡的其他选项可以默认不填，或者根据用户的需要自行更改，在此不再赘述。

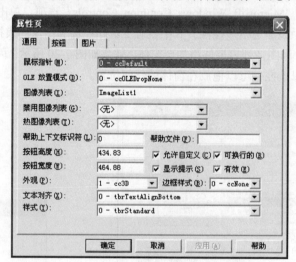

图 7-22　"属性页"对话框的"通用"选项卡

（5）为工具栏添加按钮。单击"属性页"对话框的"按钮"选项卡，如图 7-23 所示。单击"插入按钮"命令后，系统为工具栏新建一个按钮，并且索引值自动加 1。在"工具提示文本"中添加提示文本，该文本是在运行时当鼠标移至该按钮上方时显示的文本。在图像框中填上图像相应的索引值就可以为该按钮添加图像。图 7-24 和图 7-25 显示的分别是设计状态时的工具栏和运行状态时的工具栏。

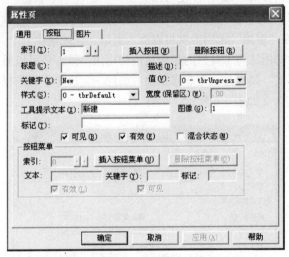

图 7-23 "属性页"对话框的"按钮"选项卡

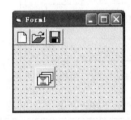 

图 7-24 设计状态时的工具栏　　图 7-25 运行状态时的工具栏

（6）编写按钮的程序代码。在运行状态时，用户单击工具栏的按钮时，都会触发工具栏的 ButtonClick 事件，因此必须为工具栏的 ButtonClick 事件添加代码，并在代码中判断用户单击了哪一个按钮，并根据不同的按钮来做出不同的响应操作。在本例中添加代码如下：

```
Private Sub Toolbar1_ButtonClick(ByVal Button As MSComctlLib.Button)
Select Case Button.Key
Case "New"
    Text1.Visible = True
Case "Open"
    CommonDialog1.ShowOpen
Case "Save"
    CommonDialog1.ShowSave
End Select
End Sub
```

在以上代码中，点击"新建"按钮时，使得原本不可见的文本框可见；单击"打开"按钮时弹出一个"打开"对话框；单击"保存"按钮时弹出一个"另存为"对话框。

## 7.3.2 状态栏

状态栏一般位于应用程序的最底部，用于显示系统的各种状态信息，如日期、时间和光标位置等。

创建一个状态栏的步骤如下。

（1）把 StatusBar 控件添加至工具箱中，添加方法与添加工具栏方法一致。

（2）在工具箱中双击 StatusBar 控件便可以在窗体中创建一个状态栏。

（3）右键单击状态栏控件的"属性"命令，在弹出的"属性页"对话框中选择"窗格"选项卡，如图 7-26 所示。在"窗格"选项卡就可以插入窗格。在此选项卡中，"文本"、"工具提示文本"、"关键字"等属性的用法与工具栏的相同属性的用法一致，还可以通过"浏览"按钮为窗格添加图片。窗格的"样式"属性是一个非常重要的属性，它决定了状态栏的窗格显示什么内容，此属性的取值范围及其含义如表 7-6 所示。

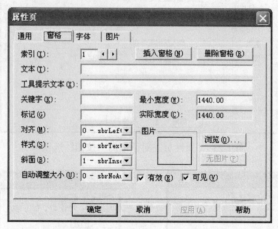

图 7-26　状态栏控件"属性页"对话框的"窗格"选项卡

表 7-6　　　　　　　　　　　　　窗格样式属性的取值范围及其含义

| 常数 | 数值 | 含义 |
| --- | --- | --- |
| sbrText | 0 | 默认值，显示文本（由 Text 属性设置）或图片（由 Picture 属性设置） |
| sbrCaps | 1 | 显示 Caps Lock 键的状态 |
| sbrNum | 2 | 显示 Num Lock 键的状态 |
| sbrIns | 3 | 显示 Insert 键的状态 |
| sbrScrl | 4 | 显示 Scroll Lock 键的状态 |
| sbrTime | 5 | 显示系统的当前时间 |
| sbrDate | 6 | 显示系统的当前日期 |

如在状态栏中添加 2 个窗格，第 1 个窗格的"样式"属性设置为"6-sbrDate"，第 2 个窗格的"样式"属性设置为"5-sbrDate"，效果如图 7-27 所示。

图 7-27　创建两个窗格的状态栏

（4）为状态栏添加代码。本例为状态栏添加第 3 个窗格，"样式"属性设置为"0-sbrText"，在窗体运行时，第 3 个窗格则根据需要不同的文本。如在窗体中添加一个 Label 控件，当鼠标移动 Label 控件时第 3 个窗格显示"This is a Label"，当鼠标移到 Label 外窗体的任何位置时，第 3 个窗格显示"Form"，代码如下：

```
Private Sub Form_MouseMove(Button As Integer, Shift As Integer, X As Single, Y As Single)
StatusBar1.Panels(3).Text = "Form"
End Sub
Private Sub Label1_MouseMove(Button As Integer, Shift As Integer, X As Single, Y As Single)
StatusBar1.Panels(3).Text = "This is a Label"
End Sub
```

效果如图 7-28 和图 7-29 所示。

图 7-28　鼠标移至时标签控件

图 7-29　鼠标移至标签控件外

# 7.4　多文档界面设计

Windows 应用程序的用户界面主要分为单文档界面（Single Document Interface，SDI）和多文档界面（Multiple Document Interface，MDI）。单文档界面是指应用程序的各个窗体是相互独立的，打开一个新的文档时，必须先关闭已经打开的文档，比如 Windows 系统自带的记事本。

多文档界面是由多个文档（窗体）组成，并且这些文档相互之间不是独立的。在多个文档中必须把其中一个文档设置为 MDI 窗体（父窗体），其余文档都是这个 MDI 窗体的子窗体。子窗体的活动范围被限定在父窗体中，不能移到父窗体之外，即使最小化子窗体，它也是以图标形式显示在父窗体中，而不会显示在 Windows 的任务栏中。绝大多数的 Windows 应用程序都是多文档界面，如 Microsoft Excel 等。

## 7.4.1　创建 MDI 窗体

用户要创建一个 MDI 窗体时，需要单击"工程"菜单的"添加 MDI 窗体"命令，在弹出的"添加 MDI 窗体"对话框中选中"MDI 窗体"，单击"打开"按钮即可在工程中添加一个 MDI 窗体。一个应用程序有且仅有一个 MDI 窗体，而且该窗体的背景色比普通窗体的背景色要更深一些。

从工程的资源管理器各窗体的图标也可以看出，MDI 窗体与其他窗体的区别：MDI 窗体及其子窗体的图标都是由一个大的窗体和一个小的窗体组成，MDI 窗体的图标是大窗体高亮显示，小窗体灰色显示；而子窗体的图标刚好相反，其小窗体高亮显示，大窗体灰色显示；普通窗体的图标只有一个窗体，且是高亮显示，如图 7-30 所示。

MDI 窗体还有两个与其他窗体不同的特点。

（1）在 MDI 窗体中只能创建两种控件，一种是带有 Alignment 属性的控件，如图片框控件和工具栏控件等。另一种是具有不可见界面的控件。

图 7-30　各种窗体的图标

（2）不能使用 Print 方法在 MDI 窗体上显示文本。

## 7.4.2　创建 MDI 子窗体

要创建一个 MDI 子窗体非常简单，只需要普通窗体的基础上将"MDIChlid"属性设置为 True即可，但在设置此属性之前必须先设置一个 MDI 窗体。

在 Visual Basic 中，还可以通过代码来创建子窗体，格式如下：

```
Dim 变量名 As new 窗体名
```

其中，窗体名是一个已经存在的子窗体的名称，在声明了对象变量后，就可以通过以下语句来把子窗体显示出来：

```
变量名. Show
```

如在 MDI 窗体中创建一个"文件"菜单，内含"新建"和"退出"两个命令，代码如下：

```
Private Sub New_Click()
Dim form2 As New Form1
Static i As Integer
form2.Caption = "Form" & i + 2
form2.Show
i = i + 1
End Sub
Private Sub Quit_Click()
End
End Sub
```

在代码中设置了一个静态变量 i 来计算子窗体的个数，以便给子窗体进行编号。运行效果图和连续创建多个子窗体的效果分别如图 7-31 和图 7-32 所示。

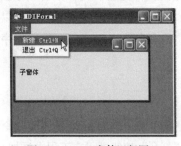

图 7-31　MDI 窗体运行图

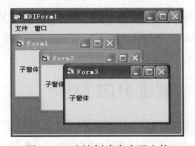

图 7-32　连续创建多个子窗体

子窗体创建之后，它的程序设计方法与普通窗体无异，但在运行时它只在 MDI 父窗体中活动。

### 7.4.3　创建"窗口"菜单

在 MDI 应用程序中，一般都具有"窗口"菜单。访问该菜单可以查看已经创建了哪些窗体并可以对这些窗体进行排列。

若在 MDI 窗体中显示已经创建的子窗体，则在创建菜单时选中"显示窗体列表"复选框即可。如图 7-33 所示，总共创建 4 个子窗体，其中第 4 个窗体名前打勾表示该窗体为当前窗体。要使窗体按一定的顺序排列，则要访问 MDI 窗体的 Arrange 方法，该方法的格式如下：

`MDI 窗体名. Arrange 参数`

其中"参数"代表了排列方式，系统总共提供了 4 种排列方式，如表 7-7 所示。

表 7-7　　　　　　　　　　Arrange 方法的参数取值及含义

| 常数 | 数值 | 含义 |
| --- | --- | --- |
| VbCascade | 0 | 子窗体层叠排列 |
| VbTileHorizontal | 1 | 子窗体水平排列 |
| VbTileVertical | 2 | 子窗体垂直排列 |
| VbArrangeIcons | 3 | 子窗体最小化后，使图标重新排列 |

如 MDI 窗体中创建一个"窗口"菜单，如图 7-33 所示。

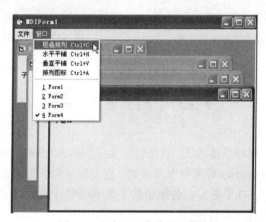

图 7-33　"窗口"菜单的子菜单

窗口菜单的代码如下：

```
Private Sub Cascade_Click()
MDIForm1.Arrange 0
End Sub
Private Sub Horizontal_Click()
MDIForm1.Arrange 1
End Sub
Private Sub Vertical_Click()
MDIForm1.Arrange 2
End Sub
Private Sub ReArrange_Click()
MDIForm1.Arrange 3
End Sub
```

层叠的效果如图 7-33 所示，即所有子窗体的标题栏层层叠在一起。子窗体最小化后其图标位置可以任意改变，点击"排列图标"时可以让图标重新排列。以两个子窗体为例，各子窗体排列效果如图 7-34、图 7-35、图 7-36 和图 7-37 所示。

图 7-34　垂直平铺效果

图 7.35　水平平铺效果

图 7-36　最小化窗体的效果

图 7-37　更改图标位置的效果

# 7.5　小　结

本章介绍了通用对话框的具体用法，它在打开文件、保存文件和改变字体等操作中应用广泛。

菜单是几乎所有的 Windows 应用程序具有的，它主要分为下拉式菜单和弹出式菜单。下拉式菜单一般位于窗体的顶部，功能分布在各菜单的子菜单项中。弹出式菜单是通过单击鼠标右键打开，可以方便地在窗体的任何位置使用。

工具栏可以使用户快捷地访问常用命令实现对文档各种操作。而状态栏则一般位于窗体的底部，用于显示系统的各种状态信息。

MDI 窗体是子窗体的容器，一般情况下多文档界面包含一个 MDI 窗体和多个子窗体。

# 习　题

**一、判断题**

1. 在使用 CommonDialog 控件时，用户不可以改变控件的大小。

2. 通常用 Load 方法来显示窗体。

3. 通用对话框通常采用 Filter 属性来设定过滤文件类型。

4．一个应用程序只能有一个 MDI 窗体，但可以有多个 MDI 子窗体。

5．在 MDI 窗体上可以创建任何控件。

6．当关闭 MDI 窗体时，其子窗体仍然可以正常显示。

### 二、选择题

1．要输出简单信息，可以使用（　　）。

　　A．InputBox 函数　B．MsgBox 函数　　　C．ShowFont 方法　　D．Show 方法

2．与 Form1.Show 方法效果相同的是（　　）。

　　A．Form1.Visible=True　　　　　　　　B．Form1.Visible=False

　　C．Load Form1　　　　　　　　　　　D．Form1.Hide

3．要打开"菜单编辑器"对话框，应选择（　　）菜单的"菜单编辑器"命令。

　　A．文件　　　　　　B．工具　　　　　　C．视图　　　　　　D．编辑

4．将 CommonDialog 控件以"另存为"对话框的方式打开，选择（　　）方法。

　　A．ShowOpen　　　B．ShowColor　　　C．ShowSave　　　　D．ShowFont

5．在设计菜单时，要创建分隔栏，应该在标题栏内输入（　　）。

　　A．%　　　　　　　B．&　　　　　　　C．#　　　　　　　D．–

### 三、填空题

1．VB 的菜单系统最多可达＿＿＿＿＿＿＿级。

2．显示字体对话框之前必须先设置＿＿＿＿＿＿＿属性。

3．将普通窗体的＿＿＿＿＿＿＿属性设置成 True，就成了 MDI 子窗体。

4．在窗体中创建工具栏必须在"工程"菜单的"部件"命令中添加＿＿＿＿＿＿＿控件。

### 四、编程题

设计一个窗体，带有一个"文件"菜单，该菜单有三个命令，分别是"新建"、"关闭"和"退出"，"新建"命令则使窗体上的文本框可见，"关闭"命令使文本框不可见，"退出"命令则关闭整个窗体。再设计一个工具栏带三个按钮，分别表示"左对齐"、"右对齐"和"居中对齐"，界面如图 7-38 所示。

图 7-38　编程题图

## 本章实训

【实训目的】

① 熟悉对话框的使用方法。

② 熟悉菜单的使用方法。

【实训内容与步骤】

① 设计一个程序如图 7-39 所示,当单击"保存"按钮时,程序将文本框的内容保存为一个记事本,并把文件命名为"save.txt",最后保存在桌面上。

提示:"保存"文件的代码如下所示:

```
Open CommonDialog1.FileName For Output As 1
Write #1, Text1.Text
close #1
```

其中,CommonDialog1.FileName 为保存文件的路径及文件名。

图 7-39 保存程序

② 建立一个弹出式菜单,该菜单包含 5 个命令,分别是云南、广西、四川、贵州和广东。单击某个命令时,在相应的文本框中显示该省份的省会。

# 第8章
# 文 件

在计算机技术中，常用"文件"这一术语来表示输入输出操作的对象。所谓"文件"，是指存放在外部介质上的数据的集合。每一个文件都有一个文件名作为标识。例如用 Word 或 Excel 编辑制作的文档或表格就是一个文件，把它存放到磁盘上就是一个磁盘文件，输出到打印机上就是一个打印机文件。广义地说，任何输入输出设备都是文件。计算机以这些设备为对象进行输入输出，对这些设备统一按"文件"进行处理。

在程序设计中，文件是十分有用而且是不可缺少的。

（1）文件是使一个程序可以对不同的输入数据进行加工处理、产生相应输出结果的常用手段。

（2）使用文件可以方便用户，提高上机效率。

（3）使用文件可以不受内存大小的限制。

因此，文件是十分重要的。在某些情况下，不使用文件将很难解决所遇到的实际问题。

## 8.1  文 件 概 述

### 8.1.1  提出问题，分析问题

例 8-1 在文件"C:\student.txt"中，顺序存放若干个学生的姓名（字符型）和 3 门课程的考试成绩（数值型），存放格式如下：

```
张 军, 65,89,76
刘晓壮, 75,78,88
王熙凤, 89,70,68
```

编写一程序，将文件中的姓名和各门课程的成绩显示在窗体上，同时计算并显示每个学生的平均成绩（保留两位小数）。显示如下：

```
张 军, 65,89,76 Aver=77
刘晓壮, 75,78,88 Aver=80
王熙凤, 89,70,68 Aver=76
```

分析：以上问题是对顺序文件进行操作。在"student.txt"文本文件中顺序存放了 3 个学生的姓名和 3 门课程的考试成绩。首先需要打开"student.txt"文件，然后才能对该文件进行读操作，

每次读入一行字符，同时计算出每个学生的 3 门课程成绩的平均分，直到文件末尾为止，最后在窗体上显示每个学生的姓名、3 门课成绩以及平均分，操作完成之后关闭该文件。具体的操作流程如图 8-1 所示。

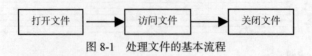

图 8-1　处理文件的基本流程

程序代码如下：

```
Dim Filepath As String
Private Sub Form_Load()
    Filepath = App.Path + "\Student.txt " '设置文件路径
End Sub
Private Sub Command1_Click()
    Dim FileNum As Integer, Sum As Integer, Ave As Integer, i As Integer
    Dim st As String
    Dim a() As String
    Open Filepath For Input As #1
    Do While Not EOF(1)
        Line Input #1, st
        a = Split(st, ",")                    'str 以“,”分开，并存入数组中
        Sum = 0
        For i = 1 To 3
            Sum = Sum + Val(a(i))             '将数学、英语和计算机成绩相加
        Next i
        Ave = Sum / 3
        st = st & Space(2) & "Aver=" & Ave
        Print st                              '添加该总分和平均成绩
    Loop
    Close #1
End Sub
```

## 8.1.2　文件系统的基本概念

文件是具有文件名并且存储在外部存储器(如磁盘)的信息集合，分为应用程序和文档两大类。应用程序是指能完成一定功能的计算机指令的集合，而文档是使用应用程序创建的任何内容，如书信、报表、图像、音乐等。使用 Visual Basic 6.0 可以创建自己的应用程序，应用程序一般都有处理数据的能力，计算机要处理的数据可以在程序运行过程中通过键盘输入，但更多的数据是保存在计算机磁盘上，在使用时从磁盘调入计算机内存，应用程序处理完毕后再将处理结果及经过加工的数据写入磁盘以备以后使用。Visual Basic 6.0 为用户提供了强大的文件操作功能，使用这些可以执行打开、编辑、保存文件等操作。

## 8.1.3　文件结构

为了有效地存取数据，数据必须以某种特定的方式存放，这种特定的方式称为文件结构。
VB 文件是由记录组成的，记录是由字段组成的，字段是由字符组成的。
（1）字符（Character）：是构成文件的最基本单位。字符可以是数字、字母、特殊符号或单一字节。这里所说的"字符"一般为西文字符，一个西文字符用一个字节存放。如果是汉字字符，包括汉字和"全角"字符，则通常用两个字节存放。也就是说，一个汉字字符相当于两个西文字符。一般把用一个字节存放的西文字符称为"半角"字符，而把汉字和用两个字节存放的字符称为"全角"字符。注意，Visual Basic6.0 支持双字节字符，当计算字符串长度时，一个西文字符和一个汉字都作为一个字符计算，但它们所占的内存空间是不一样的。例如，字符串"VB 程序设计"的长度为 6，而所占的字节数为 10。

（2）字段（Field）：也称域。字段由若干字符组成，用来表示一项数据。例如邮政编码"650106"就是一个字段，它由 6 个字符组成。而姓名"刘大平"也是一个字段，它由 3 个汉字组成。

（3）记录（Record）：由一组相关的字段组成。例如在通讯录中，每个人的姓名、单位、地址、电话号码、邮政编码等构成一个记录，如表 8-1 所示。在 VB 中，以记录为单位处理数据。

表 8-1　　　　　　　　　　　　　　　通讯记录

| 姓名 | 单位 | 地址 | 电话号码 | 邮政编码 |
| --- | --- | --- | --- | --- |
| 刘大平 | 信自学院 | 北京路 50 号 | 89667989 | 100078 |
| 李小兰 | 信自学院 | 北京路 50 号 | 89667990 | 100078 |
| 孙天华 | 信自学院 | 北京路 50 号 | 89668800 | 100078 |

（4）文件（File）：文件由记录构成，一个文件含有一个以上的记录。例如，在通讯录文件中有 100 个人的信息，每个人的信息是一个记录，100 个记录构成一个文件。

## 8.1.4　文件类型

依据文件内容及文件内部信息组织方式的不同，可以将文件分为 3 类，即顺序文件、随机文件和二进制文件，Visual Basic6.0 根据不同的文件类型，提供了相应的访问方式、语句及命令。下面首先简要介绍这 3 种不同的文件类型。

### 1．顺序文件

这是最常用的一类文件，文本文件一般都属于顺序文件。顺序文件中的数据一个接一个按顺序保存，文件一般可分为许多行，每一行都有或多或少的数据，长度也不固定。因此要对顺序文件进行处理，必须按顺序从头开始一个个读取数据，读取后再处理文件信息；信息处理完毕后，再按顺序写回文件中，这就像录音带一样，要想听磁带结尾的内容，首先要经过它前面的一段才能到达；同样，要想访问顺序文件末尾的文本，首先须读取该文本之前的内容。顺序文件适用于数据不经常修改和数据之间没有明显的逻辑关系及数据量不大的情况。

优点：顺序文件的组织比较简单，只要把数据记录一个接一个地写到文件中即可，占用空间少，容易使用。

缺点：维护困难，为了修改文件中的某个记录，必须把整个文件读入内存，修改完后再重新写入磁盘。顺序文件不能灵活地存取和增减数据，因而适用于有一定规律且不经常修改的数据。

### 2．随机文件

顾名思义，随机文件意即可以按任意次序处理文件中的数据。随机文件将数据分成多个记录，每个记录具有相同的数据结构，记录的长度也都相同，对数据进行处理时可以随机地存取记录，非常灵活、快捷。如果说顺序文件像磁带，那么随机文件就像磁盘或唱片，要想读取某些数据，不必从头到尾顺序读取，可以在随机文件中任意移动而取出数据。

优点：数据的存取较为灵活、方便，速度较快，容易修改。

缺点：占空间较大，数据组织较复杂

**3. 二进制文件**

这类文件与随机文件相似，但它的数据记录的长度为 1 个字节，数据与数据之间没有什么逻辑关系，只是一个个二进制信息而已。图像文件、声音文件、可执行文件等就属于二进制文件。

Visual Basic6.0 对不同的文件提供了不同的访问方式、语句及命令。应根据文件包含什么类型的数据和数据之间的结构来确定应使用的文件访问类型。在 Visual Basic6.0 中有 3 种访问类型，它们是顺序型、随机型和二进制型，这 3 种文件访问类型分别适合于访问顺序文件、随机文件和二进制文件。

# 8.2  文件系统控件

对于应用程序的用户而言，不可能记住所使用的计算机内具有哪些目录，目录下都有哪些文件、这些目录与文件的名字等信息。为了帮助用户定位文件，方便用户操作，大多数应用程序都要求具备显示关于磁盘驱动器、目录、文件信息的能力。如果使用以前的程序设计语言，要想使程序具有这些能力，程序员首先要理解有关操作系统、文件控制等深层次的知识。幸运的是，Visual Basic6.0 具有强大的能力，使得开发者能方便地使用文件系统，并且使用起来非常简便。

为使用户能够使用文件系统，Visual Basic 提供了两种选择。既可以使用由 Common Dialog（通用对话框）控件提供的 Open 和 Save As 标准对话框，也可以使用 DirListBox、DriveListBox 和 FileListBox 这 3 种文件系统控件的组合创建自定义对话框。

CommonDialog 控件提供了标准的 Save As 和 Open 对话框。所谓标准，即它与其他 Windows 应用程序的同类对话框相同，具有标准化的外观，并且能够识别可用的网络驱动器，因此如果应用程序只需要具备保存、打开文件的功能，则应使用 CommonDialog 控件。

但有时候要求应用程序的文件系统具有自定义的外观或特殊的功能，这就要使用 DirListBox、DriveListBox 和 FileListBox 这 3 种文件系统控件的组合来创建自定义对话框。这 3 个控件都经过了特别设计，提供了简单、好用、完善的文件系统，它们都能自动从操作系统获取与文件系统相关的信息，程序员可以访问这些信息或通过控件的属性判断每个控件的信息。可以单独使用某个文件系统控件，也可以用多种方法混合、匹配这些控件，以便灵活地控制它们的外观和交互方式。以下简要介绍这 3 种文件系统控件。

## 8.2.1  DriveListBox（驱动器列表框）

驱动器列表框是下拉式列表框（见图 8-2），它能显示有效驱动器的列表，供用户选择不同的驱动器。在设计时，驱动器列表框只显示当前的驱动器号。在运行时的初始状态为当前的驱动器号，当该控件获得焦点时，用户可以输入任何有效的驱动器标识符，或者单击驱动器列表框右侧的箭头，从驱动器列表框下拉的有效驱动器中选择新驱动器。如果用户选定了新驱动器，那么这个驱动器将出现在列表框的顶端，改变 Drive 属性 0 并引发 Change 事件。

驱动器列表框显示可用的驱动器，但从列表框中选择驱动器只是改变了列表框顶端显示的驱动器、并不能自动地改变当前驱动器，不过可以使用 Chdrive 语句在操作系统层次将当前驱动器改变为列表框的 Drive 属性，如下所示。

```
Chdrive Drive1. Drive
```

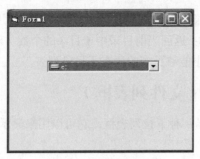

图 8-2　驱动器列表框

DriveListBox 的常用属性是 Drive（驱动器），用于确定运行时选中的驱动器，其有效范围是所有现有的驱动器。该属性在设计时不可用，因此要预设驱动器号，方法是在窗体加载模块时加入赋值语句。下面语句将驱动器号设为"D"：

```
Drive1. Drive="D"
```

DriveListBox 的常用事件为 Chang（改变），当选择一个新驱动器或用代码改变 Drive 属性时发生 Chang 事件。

## 8.2.2　DirListBox（目录列表框）

目录列表框（见图 8-3）可列出当前驱动器下的目录结构，以根目录开头。从根目录到当前目录的所有目录依次缩进排列，且目录图标用打开的文件夹表示，当前目录的子目录用合起来的文件夹表示，且比当前目录缩进一级显示。在运行时的初始状态是醒目显示当前目录，在列表中上下移动时将依次醒目显示每个目录项。

图 8-3　目录列表框

该控件的常用属性如下。

（1）Path（路径）：返回或设置当前路径。在设计时 Path 属性不能使用。Path 属性的值是一个指示路径的字符串，如"C:\Widows"。在运行时当创建控件时 Path 的值等于当前路径。Path 值的改变将会产生 Change 事件。因此要预设显示路径，可以在窗体加载模块时加入下面的语句：

```
Dir1.Path="C:\WIDOWS"
```

（2）List（列表）：返回目录列表框中列表部分的项目，List 本身是字符串数组，数组中的每一项都对应一个列表项目，List 值只能在运行时读出。

（3）ListIndex（列表索引）：目录列表框的 ListIndex 基于运行时的当前目录和子目录。Path 属性指定的目录的 ListIndex 值总是−1，其上一级目录值为−2，再上一级值为−3，依次类推。Path

属性指定的目录的第一个子目录 ListIndex 的值为 0，若有多个目录，则依次为 1、2、3…

（4）ListCount（列表数目）：返回当前目录中子目录的个数。对当前列表 0 到 ListIndex-1 依次取值便可得到当前展开目录中能够见到的所有子目录列表。

### 8.2.3　FileListBox（文件列表框）

文件列表框（见图 8-4）是一种下拉列表框，它可以用来显示当前目录下的文件（可以通过 Path 属性改变）。

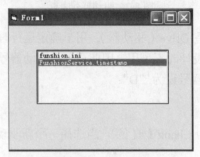

图 8-4　文件列表框

与文件列表框有关的属性较多，介绍如下。

**1．Pattern 属性**

格式：［窗体．］文件列表框名．Pattern［＝Value］

功能：Pattern 属性用来设置在执行时要显示的某一种类型的文件。

说明：

（1）如果省略"窗体"，则指的是当前窗体上的文件列表框。

（2）Value：指一个文件名字串，如果省略，则显示当前文件列表框的 Pattern 属性值。

（3）它可以在设计阶段用属性窗口设置，也可以通过程序代码设置。在默认情况下，Pattern 的属性值为\*.\*，即所有文件。在设计阶段，建立了文件列表框后，查看属性窗口中的 Pattern 属性，可以发现其默认值为\*.\*。如果把它改变为\*.doc，则在执行程序时，文件列表框中显示的是\*.doc 文件。

例如，在程序代码中设置 Pattern 属性如下：

```
Print Fiel1.Pattern
```

将显示文件列表框的 File1 的 Pattern 属性值。

**2．FileName 属性**

格式：［窗体．］［文件列表框名．］FileName［＝文件名］

功能：FileName 属性用来在文件列表框中设置或返回被选定文件的名称和路径。

说明：

（1）"文件名"可以有通配符，因此可用它设置 Drive、Path 或 Pattern 属性。

（2）该属性在设计状态不能使用。

**3．ListCount 属性**

格式：［窗体．］控件．ListCount

功能：ListCount 属性返回控件内所列项目的总数。

说明：

（1）"控件"可以是组合框、目录列表框、驱动器列表框或文件列表框。

（2）该属性只能在程序代码中使用，不能在属性窗口中设置。

### 4．ListIndex 属性

格式：［窗体.］控件．ListIndex［＝索引值］

功能：用来设置或返回当前控件上所选择项目的"索引值"（下标）。

说明：

（1）"控件"可以是组合框、列表框、驱动器列表框、目录列表框或文件列表框。

（2）在文件列表框中，第 1 项的索引值为 0，第 2 项为 1，以此类推。如果没有选中任何项，则 ListIndex 属性的值将被设置为–1。

（3）该属性只能在程序代码中使用，不能在属性窗口中设置。

### 5．List 属性

格式：［窗体.］控件．List（索引）［＝字符串表达式］

功能：在 List 属性中存有文件列表框中所有项目的数组，可用来设置或返回各种列表框中的某一项目。

说明：

（1）"控件"可以是组合框、列表框、驱动器列表框、目录列表框或文件列表框。

（2）格式中的"索引"是某种列表框中项目的下标（从 0 开始）。

例如：

```
For i=0 to Dir1.ListCount
    Print Dir1.List(i)
Next i
```

该例用 List 属性来输出目录列表框中的所有项目。循环终值 ListCount 指的是目录列表框中的项目总数，而 Dir1.List(i)指的是每一个项目。

又如：

```
For i=0 to File1.ListCount
    Print File1.List(i)
Next i
```

该例用 For 循环输出文件列表框 File1 中的所有项目。File1.ListCount 表示列表框中所有文件的总数，File1.List(i)指的是每一个文件名。

再如：

```
Print  File1.ListIndex
Print  File1.List(File1.ListIndex)
```

第 1 个语句用来输出文件列表框中某一被选中的项目索引值（下标）。第 2 个语句显示以该索引值为下标的项目。

文件列表框还有能否显示相应的文件属性：Archive、Normal、Hidden、System 和 ReadOnly。

Archive 属性：该属性决定是否显示文档文件。

Normal 属性：该属性决定是否显示正常标准文件。

Hidden 属性：该属性决定是否显示隐含文件。

System 属性：该属性决定是否显示系统文件。

ReadOnly 属性：该属性决定是否显示只读文件。

例如，如果仅仅显示系统文件，则应设置 System 属性为 True，其他属性设置为 False。

### 8.2.4 文件系统控件的联动

在类似文件管理器的目录文件窗口中，要使驱动器列表框中当前驱动器的变动引发目录列表框中当前目录的变化，并进一步引发文件列表框目录的变化，则必须在驱动器列表框和目录列表框的 Change 事件过程中设置程序代码，即实现文件系统控件的联动。

例如，要建立如图 8-3 所示的文件浏览程序，设驱动器列表框名称为 Drive1，目录列表框名为 Dir1，文件列表框名为 File1，程序代码如下：

```
Private Sub Drive1_Change()
    Dir1.Path=Drive1.drive
End Sub
Private Sub Dir1_Change()
    File1.Path=Dir1.path
End Sub
```

# 8.3 文件基本操作

文件基本操作指的是文件的删除、拷贝、移动、更名等。在 VB 中，可以通过相应的语句执行这些基本操作。

#### 1. 拷贝文件（FileCopy 语句）

格式：FileCopy ＜源文件名＞，＜目标文件名＞

功能：可以把源文件拷贝到目标文件，拷贝后两个文件的内容完全一样。

说明：打开的文件不能拷贝。拷贝文件不能含有通配符（*或？）。

例如：

```
FileCopy A1.doc,A2.doc
```

把当前目录下的一个文件拷贝到同一目录下的另一个文件中。

例如：如果将一个目录下的一个文件拷贝到另一个目录下，则必须包括路径信息。

```
FileCopy D:\VB\A1.doc, D:\VB1\A1.doc
```

VB 没有提供移动文件的语句。实际上，先用 FileCopy 语句拷贝文件，然后用 Kill 语句将源文件名删除，就能实现文件的移动。

#### 2. 删除文件（Kill 语句）

格式：Kill ＜文件名＞

功能：用该语句可以删除指定的文件。

说明："文件名"可以含有路径。

例如：

```
Kill D:\VB\*bak
```

将删除 D 盘 VB 目录下的备份文件。

Kill 语句具有一定的"危险性"，因为在执行该语句时没有任何提示信息。为了安全起见，当在应用程序中使用该语句时，一定要在删除文件前给出适当的提示信息。

### 3. 文件（目录）重命名（Name 语句）

格式：Name　<原文件名>As<新文件名>

功能：可以对文件或目录重命名，也可用来移动文件。

说明：新文件名不能是已存在的文件名。在原文件名和新文件名中，不能使用通配符"*"和"?"。

例如：

```
Name  A2.doc As B2.doc
```

在一般情况下，"原文件名"和"新文件名"必须在同一驱动器上。如果"新文件名"指定的路径存在并且与"原文件名"指定的路径不同，则 Name 语句将把文件移动到新的目录下，并更改文件名。如果"新文件名"与"原文件名"指定的路径不同但文件名相同，则 Name 语句将把文件移到新的目录下，且保持文件名不变。例如：

```
Name  D:\VB1\A1.FRM As D:\VB2\A1.FRM
```

将 A1.FRM 文件从 VB1 目录下移到 VB2 目录下，在 VB1 目录下的 A1.FRM 文件被删除。再如：

```
Name  D:\VB1\A1.FRM As D:\VB2\A1.FRM
```

将原文件从 VB1 目录下移到 VB2 目录下并重新命名。

用 Name 语句可以移动文件，不能移动目录，但可以对目录重命名。

例如：

```
Name  D:\VB1 As D:\VB2
```

将目录 VB1 重命名为 VB2

### 4. 创建新的目录（MkDir 语句）

格式：MkDir　<目录名>

功能：创建一个新的目录。

例如：在 D 盘上建立一个 VB1 目录。

```
MkDir  D:\VB1
```

### 5. 改变当前驱动器（ChDrive 语句）

格式：ChDrive　<驱动器>

功能：改变当前驱动器。

说明：如果 Drive 为"　"，则当前驱动器将不会改变；如果 Drive 中有多个字符，则 ChDrive 只会使用首字母。

例如：将 D 改为当前驱动器。

```
ChDrive  D
```

### 6. 改变当前目录（ChDir 语句）

格式：ChDir <目录名>

功能：改变当前目录。

说明：ChDir 语句只能改变缺省目录位置，但不会改变缺省驱动器位置。

例如，如果缺省驱动器是 C，则下面的语句将会改变驱动器 D 中 VB 为缺省目录，但是 C 仍然是缺省的驱动器。

```
ChDir  D:\VB
```

### 7. 删除目录（RmDir 语句）

格式：RmDir <目录名>

功能：删除一个已存在的目录。

说明：RmDir 语句不能删除一个含有文件的目录。如果要删除，则应先使用 Kill 语句删除所有的文件。

例如：删除 D 驱动器上的 VB1 目录。

```
Kill  D:\VB1\*.*
RmDir  D:\VB1
```

### 8. 确定当前目录驱动器（drive 函数）

格式：CurDir [（drive）]

功能：确定任何一个驱动器的当前目录。

说明：drive 表示要确定当前目录驱动器。如果 drive 为 """"，则 drive 返回当前驱动器的当前目录路径。如果 drive 参数中有多个字符，则 CurDir 只使用第一个字符，例如：

```
CurDir  "C"        '返回 C 盘的当前目录
CurDir  "Find"     '返回 F 盘的当前目录
```

### 9. 设置文件属性（SetAttr 语句）

格式：SetAttr  FileName, Attrbutes

SetAttr 语句的命令格式中的参数含义如下。

（1）FileName：必要参数。用来指定一个文件名的字符串表达式，可能包含目录、文件夹以及驱动器。

（2）Attributes：必要参数。常数或数值表达式，其总和用来表示文件的属性。

Attributes 参数设置如表 8-2 所示。

表 8-2　　　　　　　　　　　　　　　　Attrbutes 参数设置

| 内部常数 | 数值 | 描述 |
| --- | --- | --- |
| vbnormal | 0 | 常规 |
| vbreadonly | 1 | 只读 |
| vbhidden | 2 | 隐藏 |
| vbsystem | 4 | 系统文件 |
| vbarchive | 32 | 上次备份以后，文件已经改变 |

例如，将 C 盘的 Mydir 目录中的 Test.doc 文件设置为只读属性，可使用下面的命令：

```
SetAttr  "C:\Mydir\Test.doc", vbReadOnly
```
说明：如果给一个已打开的文件设置属性，则会产生运行时错误。

# 8.4　文件操作语句和函数

文件的主要操作是读和写，在此介绍的是通用的语句和函数，并将这些语句和函数用于文件的读写操作中。

### 1. 文件指针定位语句 Seek

文件被打开后，自动生成一个文件指针（隐含的），文件的读或写就从这个指针所指的位置开始。用 Append 方式打开一个文件后，文件指针指向文件的末尾，而如果用其他几种方式打开文件，则文件指针都指向文件的开头。完成一次读写操作后，文件指针自动移到下一个读写操作的起始位置，移动量的大小由 Open 语句和读写语句中的参数共同决定。对于随机文件来说，其文件指针的最小移动单位是一个记录的长度；而顺序文件中文件指针移动的长度与它所读写的字符串的长度相同。在 VB 中，与文件指针有关的语句和函数是 Seek。

文件指针的定位通过 Seek 语句来实现。

格式：Seek#文件号，位置

功能：该语句用来设置文件中下一个读或写的位置。

说明：

（1）"文件号"是系统为处理文件所开辟的访问缓冲区的代码，对某一个文件号的操作就是对文件的操作。VB 规定：对其他应用程序不能访问的文件，使用 1~255 范围内的文件号；对可由其他应用程序访问的文件，使用 256~511 范围内的文件号。一个文件号指定给一个文件以后，就不能指定给其他的文件，直到这个文件被关闭为止。

（2）"位置"是一个数值表达式，用来指定下一个要读写的位置，其值在 $1\sim(2^{31}-1)$ 范围内。

（3）对于用 Input、Output 或 Append 方式打开的文件，"位置"是从文件开头到"位置"为止的字节数，即执行下一个操作的地址，文件第一个字节的位置是 1。对于用 Random 方式打开的文件，"位置"是一个记录号。

（4）在 Get 或 Put 语句中的记录号优先于由 Seek 语句确定的位置。此外，当"位置"为 0 或负数时，将产生出错信息"错误的记录号"。当 Seek 语句中的"位置"在文件尾之后时，对文件的写操作将扩展该文件。

### 2. Seek 函数

与 Seek 语句配合使用的是 Seek 函数。

格式：Seek（文件号）

功能：该函数返回文件指针的当前位置。

说明：

（1）由 Seek 函数返回的值在 $1\sim(2^{31}-1)$ 范围内。

（2）对于用 Input、Output 或 Append 方式打开的文件，Seek 函数返回文件中的字节位置（产生下一个操作的位置）。

（3）对于用 Random 方式打开的文件，Seek 函数返回下一个要读或写的记录号。

（4）对于顺序文件，Seek 语句把文件指针移到指定的字节位置上，Seek 函数返回有关下次将要读或写的位置信息。

（5）对于随机文件，Seek 语句只能把文件指针移到一个记录的开头，而 Seek 函数返回的是下一个记录号。

### 3. FreeFile 函数

格式：变量=FreeFile

功能：用 FreeFile 函数可以得到一个在程序中没有使用的文件号。

说明：当程序中打开的文件较多时，这个函数很有用。特别是当在通用过程中使用文件时，用这个函数可以避免使用其他 Sub 或 Function 过程中正在使用的文件号。利用这个函数，可以把未使用的文件号赋给一个变量，用这个变量做文件号，不必知道具体的文件号是多少。

例 8-2 用 FreeFile 函数获取一个文件号。

```
Private Sub Form_Click()
    FileName $=InputBox$(请输入要打开的文件名)
    FileNum=FreeFile
    OpenFileName $ For Output As Filenum
    PrintFileName $;Opend file#;Filenum
    Close # Filenum
End Sub
```

该过程把要打开的文件的文件名赋给变量 FileName $（从键盘上输入），而把可以使用的文件号赋给变量 Filenum，它们都出现在 Open 语句中，程序运行后，在输入对话框中，输入 "F1.dat"，单击 "确定" 按钮，程序输出：

```
F1.dat opened as file#1
```

### 4. Loc 函数

格式：Loc（文件号）

功能：Loc 函数返回由 "文件号" 指定的文件的当前读写位置。

说明：

（1）格式中的 "文件号" 是在 Open 语句中使用的文件号。

（2）对于随机文件，Loc 函数返回一个记录号，它是对随机文件读或写的最后一个记录的记录号，即当前读写位置的上一个记录；

（3）对于顺序文件，Loc 函数返回的是从该文件被打开用来读或写的记录个数，一个记录是一个数据块。在顺序文件和随机文件中，Loc 函数返回的都是数值，但它们的意义是不一样的。对于随机文件，只有知道了记录号，才能确定文件中的读写位置；而对于顺序文件，只要知道已经读或写的记录个数，就能确定该文件当前的读写位置。

### 5. LOF 函数

格式：LOF（文件号）

功能：LOF 函数返回给文件分配的字节数（即文件的长度）。

说明：

（1）与 DOS 下用 Dir 命令所显示的数值相同。

（2）"文件号" 的含义同前。

在 VB 中，文件的基本单位是记录，每个记录的默认长度是 128 个字节。因此，对于由 VB 建立的数据文件，LOF 函数返回的将是 128 的倍数，不一定是实际的字节数。例如，假定某个文件的实际长度是 257（128×2+1）个字节，则用 LOF 函数返回的是 384（128×3）个字节。对于用其他编辑软件或字处理软件建立的文件，LOF 函数返回的将是实际分配的字节数，即文件的实际长度。

例如：LOF(1)返回#1 文件的长度，如果返回 0 值，则表示该文件是一个空文件。

例 8-3 用下面的程序段可以确定一个随机文件中记录的个数。

```
RecordLength=60
Open d:\vb1\P5 For Random As #1
X=LOF(1)
Number of Records=x\RecordLength
```

#### 6. EOF 函数

格式：EOF（文件号）

功能：EOF 函数用来测试文件的结束状态。

说明：

（1）在文件输入期间，可以用 EOF 测试是否到达文件末尾。

（2）对于顺序文件来说，如果已到文件末尾，则 EOF 函数返回 True，否则返回 False。

（3）对于随机文件来说，如果最后执行的 Get 语句未能读到一个完整的记录，则返回 True，这通常发生在试图读文件结尾以后的部分时。

（4）EOF 函数常用在循环中，测试是否已到文件尾，一般结构如下：

```
Do While Not EOF(1)
    文件读写语句
Loop
```

# 8.5　文件的读写

计算机中的文件，其实就是一系列磁盘中的相关字节。应用程序要想正确访问一个文件，必须知道这些字节的正确含义，也就是所说的文件类型。

在 8.1.4 节中提到的，VB 中有三种文件访问的类型：顺序型、随机型和二进制型，顺序型文件适用于读写在连结块中的文本文件，随机型文件适用于读写有固定长度记录结构的文本文件或二进制文件。二进制文件适用于读写任意结构的文件。

虽然每种类型的文件存取方式不同，但操作这些文件的步骤大致相同，归纳如下。

（1）使用 Open 语句打开文件，并为文件指定一个文件号，程序根据文件存取方式使用不同的方式打开文件。

（2）将文件全部或者部分数据读取到程序的变量中。

（3）使用、处理或者改变变量中的数据。

（4）将变量中的数据保存到文件中。

（5）文件操作结束，使用 Close 语句关闭文件。

### 8.5.1　顺序文件

如果用户只需要处理纯文本文件，采用顺序存取方式最好，因为这样可以编写很简单的过程读写文件的内容。然而顺序存取也有其缺点，下列情况不适宜采用顺序存取方式：

- 文件存储的大部分是较长的记录数据；
- 不是从文件的开头而是从文件的任意部分存取文件；
- 文件内容要经常修改。

**1. 打开和关闭顺序文件**

用户想对顺序文件进行操作，必须首先找顺序文件。VB 提供了 Open 语句，使用该语句时用户可以按顺序、随机或二进制的方式打开文件。在对文件进行访问操作之前，必须打开此文件。

Open 为 I/O 分配一个文件缓冲区，并确定缓冲区的访问模式，要顺序访问一个文件，Open 语句的语法为：

```
Open File [Input|Output|Append]As[#]filenumber
```

其中 File 代表文件名或路径名，可选参数 Input 表示从文件中读取字符；Output 表示向文件输出字符，输出的内容将重写整个文件，文件中原来的内容将丢失；Append 把字符追加到文件的最后，文件中原来的内容不会丢失；filenumber 参数是必不可少的，它为文件指明了一个有效的文件号，范围是 1~511，用做标识符，在文件打开时标识该文件。

> 当以 Input 模式打开顺序文件时，该文件已经存在，否则会产生一个错误，以 Output 和 Append 模式打开文件时，可以打开一个不存在的文件，这时，Open 语句会首先创建该文件，然后再打开它。

例如，使用下面的语句打开一个顺序文件：

```
Open "Project. vbp" For input As #1
```

本例打开名为 Project. vbp 的文件并指定文件号为 1，在打开文件之后，便可以从文件中读取字符或一行文本。

用户在打开一个文件并做了某些操作之后应及时关闭文件，VB 提供了 Close 语句用来关闭文件。Close 语句的语法格式为：

```
Close # filenumber[,#file number ...]
```

其中，filenumber 参数是 Open 语句中用来打开文件所用的标识符，也可以使用任何等于打开文件号的数字表达式。当 Close 语句没有参数时，将关闭所有已被打开的文件。例如，执行以下语句：

```
Close #1
```

则文件号为 1 的文件将关闭。

**2. 读写顺序文件**

VB 提供了 3 种方法从文件中读取其内容，分别是 LineInput #语句、Input（）函数或者 Input #语句。

LineInput #语句可以从已打开的顺序文件中读出一行，并将它分配给 String 类型的变量。例如，以下代码段逐行读取一个文件到文本框 Text1：

```
Dim TextLint As String
Do Until EOF(FileNum)
LineInput # FileNum,TextLine
Text1.Text=Text1.Text+TextLine+chr(13)+chr(10)
Loop
```

对以上代码段需要做一点说明。FileNum 表示文件号，即用来打开文件的标识符，而且尽管 LineInput # 语句到达回车换行时会识别行尾，但当它把该行读入变量时，是不读入回车换行符的。所以要保留回车换行，必须使用代码添加。

Input 函数可以从文件向变量拷贝任意数量的字符，所以所声明的变量应具有足够的空间，例如，以下代码使用 Input 把整个文件一次拷贝到文本框 Text1 中：

```
Text1.Text=Input(LOF(FileNum),FileNum)
```

从上面的例子也可以看出，Input 函数只包含两个必要的参数，前一个参数是指明要读取字符的数目，后一个指明要读取文件的文件号。例如，以下语句从文件号为 1 的文件中读取 512 个字符。

```
Input(512,#1)
```

Input #也用于从已被打开的文件中读取数据并赋予变量，它的语法格式为：

```
Input # FileNum,Varlist
```

其中 FileNum 是一个有效的文件标识符；Varlist 是一个变量，而且文件中数据的类型与变量的类型必须匹配。

注意　Input #语句只能读出第一个逗号或空格之前的信息。

例 8-4 编写程序将文本文件的内容读到文本框中。

假定文本框名称为 txtTest，文件名为 MYFILE.TXT，可以通过下面 3 种方法来实现。

方法一：逐行读

```
Dim Instr As String
txtTest.Text = ""
Open "MYFILE.TXT" For Input As #1
Do While Not EOF(1)
    Line Input #1, InputData
    txtTest.Text = txtTest.Text + InputData + vbCrLf  ' vbCrLf 为表示回车换行符的系统常量
Loop
Close #1
```

方法二：一次性读

```
txtTest.Text = ""
Open "MYFILE.TXT" For Input As #1
txtTest.Text = Input(LOF(1), 1)
Close #1
```

方法三：逐个字符读

```
Dim InputData As String * 1
txtTest.Text = ""
Open "MYFILE.TXT" For Input As #1
Do While Not EOF(1)
    InputData = Input(1, #1)
    txtTest.Text = txtTest.Text + InputData
Loop
Close #1
```

要将变量的内容写回顺序文件中，必须使用 Output 或 Append 打开文件，然后使用 Print #语句。例如，可以使用以下代码把文本框 Text1 中修改后的内容写回到文件中（文件必须以 Output 或 Append 打开）：

```
Print # FileNum, Text1.Text
```

例 8-5 编写程序把一个文本框中的内容，以文件的形式存入磁盘。

假定文本框的名称为 Mytxt，文件名为 Myfile.dat。

方法一：把整个文本框的内容一次性写入文件。

```
Open "Myfile.dat" For Output As #1
Print #1, Mytxt.Text
Close #1
```

方法二：把整个文本框的内容逐个字符地写入文件。

```
Open "Myfile.dat" For Output As #1
For i=1 To len(Mytxt.Text)
    Print #1, Mid(Mytxt.Text, i, 1)
Next i
Close #1
```

VB 还支持 Write #语句，它把一列数字或者字符串表达式写入文件中，自动用逗号分开每个表达式，并且在字符串表达式两端放置引号。下面的代码说明了这个问题。

例 8-6

```
Dim StuName As String*8
Dim StuScore AS Integer
Dim StuNum AS String*6
StuName="丁琴"
StuNum=97
StuNum="SY7021025
Open "C:\Students\exam.txt" For Output As #1
Write #1,StuName,StuScore,StuNumber
Close #1
```

这段代码把 3 个信息写入文件标识符为 1 的文件中，因而文件中包含以下内容：

```
"丁琴", "97", "SY7021025"
```

由 Write #语句写入文件中的内容，需要使用 Input #语句读出，例如，要读出以上文件中的内容，可使用以下语句：

```
Input # FileNum, StuName, StuScore, StuNumber
```

使用 Append 模式可以向顺序文件中追加信息。当用户用 Append 模式向顺序文件追加信息时，VB 打开文件（如果不存在，就建立一个）并设置适当的缓冲区，然后把文件指针设置到文件末端，最后用一个 Print # 语句或 Write # 语句追加信息到文件尾部。

例如：

```
Open "TextFile" For Append AS #1\
Msg="Add Information to a file"
Print #1,Msg $
Close #1
```

## 8.5.2　随机文件

随机文件是一个由长度固定的记录组成的集合。也就是说，随机文件是由一系列记录构成的，每个记录都由定长的字段构成，所以每个记录的长度都是相同的。例如，日常生活的各种信息管理，如在一个工厂中，对职工工资进行管理的文件通常包括以下三个方面的信息：职工姓名、职工编号、工资。这三方面的信息可以用一个自定义类型 SalaryMsg 来定义：

```
Type SalaryMsg
Name Ass String *8        '职工姓名，8 个字节
Number As String*6        '职工编号，6 个字节
Salary As Integer         '职工工资，2 个字节
End Type
```

这个类型的特点就是每个字段都具有固定的长度，针对这一个特点，就可以使用随机存取的文件来保存这些信息。

在打开一个文件进行随机访问之前，应定义一个类型，该类型应与文件中保护的类型一致，如前面定义的 SalaryMsg 类型。

因为随机文件中所有记录必须有相同的长度，所以用户定义类型中的 String 类型的字段要使用固定的长度。如果实际字符串所包含的字符数比它写入的字符串元素的固定长度少，则 VB 会用空白符来填充记录中后面的空间。如果字符串的长度超过了字段，则它就会被截断。

#### 1. 打开随机文件

在定义了与典型记录对应的类型之后，为了方便地处理随机文件，应该声明程序需要的其他变量，用来处理随机访问文件。例如，在定义了以上的 SalaryMsg 记录以后，还应定义以下变量：

```
'记录变量
Public Salaryrec As SalaryMsg
'跟踪当前记录
Public Position As Long
'文件中最后一条记录的位置
Public LastRecord As Long
```

在定义了以上变量之后，可以使用 Open 语句打开随机访问的文件：

```
Open pathname [For Random] As filenumber Len=reclength
```

由于 Random 是默认的文件访问类型，所以关键字 For Random 是可选项。表达式 Len=reclength 指定了每个记录的长度。如果 reclength 比文件记录的实际长度要短，则会产生一个错误。如果

reclength 比记录的实际长度长，则记录可以写入，只是会浪费磁盘空间，所以在程序中，可以使用以下代码段来打开文件：

```
Dim Filenum As Integer,Salaryrec As SalaryMsg, Reclength As Long
Dim Name As String
'计算每条记录的长度
Reclength=Len(Salary)
'取出下一个可用的文件编号
Filenum=FreeFile
'设置文件的路径
Name=App-path&"\"&"Manage.dat"
'用 Open 语句打开新文件
Open Name For Random As Filenum Len=Reclength
'查看文件中共有多少条记录
LastRecord =LOF(Filenum)/Len(Salaryrec)
```

在打开随机文件之后，如果要编辑随机访问的文件，请先把记录读到程序变量，然后改变变量中的值，最后把变量写回该文件。

**2. 读写随机文件中的指定记录**

使用 Get 语句可以把指定的记录复制到变量中。例如，可以使用以下代码从打开的文件中读取 Position 号的记录：

```
Get Filenum,Position,Salaryrec
```

在把记录读到变量中以后，就可以进一步对记录进行处理。例如，可以将记录的各个字段显示到文本框中：

```
textName.Text= Salaryrec.Name
textNumber.Text= Salaryrec.Number
textSalary.Text= Salaryrec.Salary
```

然后用户就可以通过文本框来修改记录中的内容。

在修改完毕后，应该把修改后的值重新写回记录中：

```
Salaryrec.Name=textName.Text
Salaryrec.Number=textNumber.Text
Salaryrec.Salary=textSalary.Text
```

然后使用 Put 语句把记录添加或者替换到随机型访问打开的文件中。随机文件的另一个好处就是，不必为了切换文件的 Input 和 Output 模式而不断地打开或关闭文件。只要打开了随机文件，就可以同时进行读或写操作。

如果要替换记录，就要指出想要替换的记录位置，例如，以下代码用 Salaryrec 变量中的数据替换有 Position 指定编号的记录：

```
Put #FileNum, Positon, Salaryrec
```

用户还能利用 Put 语句向随机文件中添加记录，方法是把 Position 变量的值设置为比文件中的记录数多 1。例如，要在一个包含 10 个记录的文件中添加一个记录，把 Position 的值设置为 11。下面的语句可以把一个记录添加到文件的末尾，并且使 LastRecord 变量加 1：

```
LastRecord=LastRecord+1
```

```
Put #FileNum, LastRecord, Salaryrec
```

### 3．删除随机文件中的记录

通过清除字段可以删除一个记录，但该记录所占的空间仍在文件中存在。通常文件中是不能包含这类空字段的，因为它们会浪费空间而且会干扰顺序操作。最好把余下的记录拷贝到一个新文件，然后删除老文件。例如，下面的代码将名为"Temp.dat"文件中的第 Position 号记录删除：

```
Dim IAs Integer
Dim filetemp as Integer
Filetemp=FreeFile
Open "Temp.tmp" For Random As filetemp Len=Len(Salaryrec)  '打开一个临时文件
For I=1 To LastRecord
If I<>Position Then
'将记录拷贝到临时文件中并删除第 Position 号的记录
Get FileNum,I,Salaryrec
Put Filetemp,I,Salaryrec
End If
Next
LastRecord=LastRecord-1
Close FileNum
Close Filetemp
Kill ("Temp.dat" )      '删除原来的文件
'将新文件命名为"text.dat"
Name "Temp.tmp"As "Temp.dat"
```

在程序中要首先关闭文件，然后才能对文件进行删除和重命名等操作。

## 8.5.3　二进制文件

二进制文件的基本元素是字节。二进制文件中的数据没有固定的格式，不按某种方式进行组织，也不一定要组织一定长度的记录，它是种最为灵活的存储方式，但是进行程序设计也更困难。

因为文件中的字节可以代表任何东西，二进制访问能提供对文件的完全控制；使用它可以修改不同格式文件内的任何数据。在将二进制数据写入文件时要注意使用 Byte 类型的变量或数组，而不要使用 String 类型的变量。因为 Visual Basic 认为 String 包含的是字符，二进制数据有时候不能正确地存储在 String 变量中。

### 1．打开二进制文件

要打开二进制文件应使用如下 Open 语句：

```
Open PathName For Binary As Filenumber
```

使用二进制方式访问与使用随机访问的 Open 的不同之处是：使用二进制文件不指定Len=RecLength；二进制数据的最小存取单位是字节，而随机存取的存取单位是记录。

### 2．读写二进制文件

读写二进制文件与读写随机文件的语句相同：

```
Get FileNumber , Position ,VarName
Put FileNumber , Position ,VarName
```

在二进制文件读写操作中的 Position 以字节为单位，指向下一个 Get 或 Put 语句准备要处理的位置。二进制文件的头一个字节位置是 1。

下面的代码是一个二进制文件处理过程，使用它可以拷贝文件，其功能与操作系统的复制命令完全一样。

例 8-7 二进制文件处理

```
Private Sub CopyFile(SourceFile As String, DestFile As String)
'功能：复制文件
'参数说明：SourceFile 源文件
'DestFile    目标文件
Dim temp As Byte              '存放文件数据的临时变量
Dim i As Long
Dim Sourcenum As Integer      '存放源文件的文件号
Dim Destnum As Integer        '存放目标文件的文件号

Destnum=FreeFile()
Sourcenum=FreeFile()
Open SourceFile For As Binary As #Sourcenum
Open DestFile For As Binary As #Destnum
Filelen=LOF(#Sourcenum)
For i=1 to Filelen
    Get #Sourcenum, i,temp
    Put #Destnum,i,temp
Next
Close #Sourcenum
Close #Destnum
Exit Sub
End Sub
```

# 8.6  小    结

本章学习了有关文件的概念，文件的系统控件，对文件的操作以及有关文件操作的语句和函数。本章的重点是对文件的读写操作。

Visual Baisic 中根据访问模式将文件分为顺序文件、随机文件、二进制文件。顺序文件可以按行、按字符和整个文件一次性读 3 种方式读出；随机文件以记录为单位读写；二进制文件以字节为单位读写。

Visual Baisic 对文件的操作分为 3 个步骤，即首先打开文件，然后进行读或写操作，最后关闭文件。使用 Open 语句打开顺序文件、随机文件和以二进制方式打开的文件，都是使用 Close 语句关闭。

顺序文件结构简单，其中记录的写入、存放、读写顺序都是一致的，也就是说记录的逻辑顺序与物理顺序相同。顺序文件可以用普通的字处理软件（如记事本）进行建立、显示和编辑。

随机文件由一组长度完全相同的记录组成。每个记录都有唯一的记录号。随机文件以二进制形式存放数据。随机文件适宜对某条记录进行读写操作。

任何格式的文件，都可以按照二进制方式访问，即进行读写操作，以二进制方式访问文件，不指定记录长度。

# 习 题

## 一、判断题

1. 驱动器列表框、目录列表框和文件列表框三者之间能够自动实现管理。

2. 可以使用 AddItem 和 RemoveItem 方法来增加或删除文件列表框中的项目。

3. 在文件列表框中可以实现多项选择。

4. 在一个过程中用 Open 语句打开的文件，可以不用 Close 语句关闭，因为当过程执行结束后，系统会自动关闭在本过程中打开的所有文件。

5. 以操作模式 Append 打开的文件，既可以进行写操作，也可以进行读操作。

## 二、选择题

1. 按文件的组织方式文件分为（　　）。

 A．顺序文件和随机文件       B．ASCⅡ文件和二进制文件

 C．程序文件和随机文件       D．磁盘文件和二进制文件

2. 文件号最大可取得值是（　　）。

 A．255      B．511      C．512      D．256

3. KILL 语句在 VB 语言中的功能是（　　）。

 A．清内存      B．清病毒     C．删除磁盘上的文件 D．清屏幕

4. Print #1，STR1$中的 Print 是（　　）。

 A．文件的写语句        B．在窗体上显示的方法

 C．子程序名         D．以上均不正确

5. 为了把一个记录型变量的内容写入文件中指定的位置，所使用语句的格式为（　　）。

 A．Get 文件号，记录号，变量名    B．Get 文件号，变量名，记录号

 C．Put 文件号，变量名，记录号    D．Put 文件号，记录号，变量名

6. 以下关于文件的叙述中，错误的是（　　）。

 A．顺序文件中的记录一个接一个地顺序存放

 B．随机文件中记录的长度是随机的

 C．执行打开文件的命令后，自动生成一个文件指针

 D．LOF 函数返回给文件分配的字节数

7. 执行语句 Open"Tel.dat" For Random As #1 Len=50 后，对文件 Tel.dat 中的数据能够执行的操作是（　　）。

 A．只能写，不能读       B．只能读，不能写

 C．既可以读，也可以写      D．不能读，不能写

8. 没有语句

```
Open "c:\Test.Dat" for Output As #1
```

则以下错误的叙述是（　　）。

 A．该语句打开 C 盘根目录下一个已存在的文件 Test.Dat

 B．该语句在 C 盘根目录下建立一个名为 Test.Dat 的文件

C．该语句建立的文件的文件号为 1

D．执行该语句后，就可以通过 Print # 语句向文件 Test.Dat 中写入信息

**三、填空题**

1．依据文件内容及文件内部信息组织方式的不同，可以将文件分为三类，即＿＿＿＿＿、
＿＿＿＿＿和＿＿＿＿。

2．驱动器列表框、目录列表框和文件列表框都具有列表框＿＿＿＿＿中的 List、ListCount 和
ListIndex 属性。

3．＿＿＿＿＿是由一组相同长度的记录组成，每个记录包含一个或多个字段。

4．＿＿＿＿＿函数的功能是返回在 Open 语句打开的文件中当前的读/写位置。

5．＿＿＿＿＿函数的功能是返回用 Open 语句打开的文件的大小，该大小以字节为单位。

# 本章实训

**【实训目的】**

① 理解文件操作的一般步骤及实现方法。

② 理解 open 语句和 print 语句的使用方法。

③ 掌握随机文件的操作。

④ 会定义记录类型。

**【实训内容与步骤】**

（1）求 100~200 的素数并存盘，文件名为 sushu.txt。

提示：

① 打开文件。

② 求出 100~200 的素数。

③ 用 print 语句把结果写入文件中。

④ 使用 open 语句以 Output 方式打开文件，利用 App 对象的 Path 属性，按照以下方式找到
文件：

```
Open App.Path &"\文件名.扩展名" For 打开方式 As # 文件号
```

⑤ 使用 Print 语句把求得的结果写入文本文件中。

请将以下程序补充完整。

```
Private Sub Command1_Click()
_____
For n = 101 To 199 Step 2
For i = 2 To n - 1
    If n Mod i = 0 Then Exit For
Next i
    If i > n - 1 Then
Print n;
_____
k = k + 1
If k Mod 10 = 0 Then
    Print
```

```
        End If
    End If
```

（2）自定义一个学生信息类型，其中包含 4 个字段：学号 6 字节，姓名 8 字节，性别 2 字节，年龄为整型，把两条记录写入文件中。

提示：

① 定义用户自定义数据类型。

② 以随机访问方式打开文件。

③ 将记录写入文件中。

④ 关闭文件。

请给出完整的程序。

# 第9章
# 数据库访问技术

在前面几章里，我们讨论了顺序文件和随机文件的处理。Visual Basic 为文件的处理提供了丰富的功能。然而，利用这些普通文件存储数据，却存在着一些明显的不足：一是存储海量数据的效率和安全性不高；二是没有提供方便的查询和维护数据的功能。

在实际应用中，数据是以数据库的形式存在的。数据库是依照某种数据模型组织起来并可永久储存的数据集合。在数据库管理系统的支持下，数据库具有共享性、数据完整性、应用独立性等特点，并提供了通用的、对数据库进行组织和维护的查询语言 SQL。

Visual Basic 程序员可以编写代码，并通过 SQL 命令来访问或操作关系数据库。

## 9.1 关系数据库及其应用

由 Codd 提出的关系模型是数据的一种逻辑表示，它可以表达数据之间的关系，却不用关心数据结构的物理实现。

流行的关系数据库系统包括 Access、SQL Server 和 Oracle 等。Access 为桌面数据库，通常在本地提供客户端的应用，有时作为开发用数据库。而 SQL Server 和 Oracle 都是作为服务器来使用的数据库。

### 9.1.1 关系数据库概述

关系数据库由若干二维的数据表组成，每张数据表用来存放某种实体的有关信息。例如，表9-1 是 Employees 数据表，给出了雇员这种实体的有关信息，这些信息用雇员的若干属性(Number、EmpName、Department、Salary、Location)来表示。数据表中一行称为记录，这个 Employee 表由 6 条记录组成。雇员编号（Number）属性可以唯一标识一条记录，因此作为表的主键。表 9-1的记录是按主键排序的。

表 9-1                                                      Employees

| Number | EmpName | Department | Salary | Location |
|--------|---------|------------|--------|----------|
| 1001 | 李娟 | 人事部 | 2500.00 | 三楼 |
| 1023 | 张三 | 开发部 | 5000.00 | 二楼 |
| 1068 | 钱一 | 市场部 | 4000.00 | 一楼 |
| 1120 | 李四 | 开发部 | 4000.00 | 二楼 |

续表

| Number | EmpName | Department | Salary | Location |
|--------|---------|------------|--------|----------|
| 1135 | 王五 | 开发部 | 3000.00 | 二楼 |
| 1160 | 赵六 | 市场部 | 3000.00 | 一楼 |

数据表的每一列都代表实体（雇员）的一个属性，又称为记录的字段。在表中，每一条记录都是不同的（由主键决定），但记录中的非主键字段值是可以重复的。例如，Employee 表中有 3 个不同的记录都包含了"开发部"这个部门（Department），表明有 3 位雇员同属于开发部。

不同的数据库用户对不同的数据及其关系感兴趣。有些用户可能只需要表的某些列形成的子集，另外一些用户可能希望将较简单的表合并成更复杂的表。Codd 称子集操作为投影（projection），合并操作为连接（join）。

例如，对表 9-1 进行投影操作可生成一个新表（可命名为 Department-Locator），它只包含部门所在的位置（楼层），如表 9-2 所示。

表 9-2             Department-Locator

| Department | Location |
|------------|----------|
| 人事部 | 三楼 |
| 开发部 | 二楼 |
| 市场部 | 一楼 |

实际上，投影操作或合并操作的结果，逻辑上仍然是一张数据表（存在于内存中）。

## 9.1.2  SQL 及其应用

SQL 是通用的数据库语言，几乎为所有的关系数据库管理系统所支持。SQL 可用来编写查询或操作数据库的命令，在数据库管理系统的驱动下实施对数据库的一切访问（创建、维护和查询）。

对数据库的操作，不外乎插入记录、删除记录、修改记录和查询数据。

假定在 Access 数据库 Company.mdb 中已提供了 Departments（部门）表、Employees（雇员）表，如表 9-3、表 9-4 所示。

表 9-3             Departments

| DeptID | DeptName | Location |
|--------|----------|----------|
| dp1 | 人事部 | 三楼 |
| dp2 | 开发部 | 二楼 |
| dp3 | 市场部 | 一楼 |

表 9-4             Employees

| Number | EmpName | DeptID | Salary |
|--------|---------|--------|--------|
| 1001 | 李娟 | dp1 | 2500.00 |
| 1023 | 张三 | dp2 | 5000.00 |
| 1068 | 钱一 | dp3 | 4000.00 |
| 1120 | 李四 | dp2 | 4000.00 |
| 1135 | 王五 | dp2 | 3000.00 |
| 1160 | 赵六 | dp3 | 3000.00 |

### 1. 插入记录

向数据表中插入一条新记录。分为两种情况。

（1）插入记录时，为每个字段都提供值。以下命令向 Employees 表插入新记录：

```
insert into Employees values(1201,'吴昊','dp1',3500)
```

（2）插入记录时，只为部分字段（包括必填字段）提供值，如下所示：

```
insert into Employees(Number, EmpName) values(1201,'吴昊')
```

### 2. 删除记录

从数据表中删除某些记录。需要指定删除条件，否则删除全部记录。

（1）删除全部雇员记录：

```
delete from Employees
```

（2）删除编号为 1201 的雇员记录：

```
delete from Employees where Number=1201
```

### 3. 修改记录

对数据表中的记录修改指定字段的值。需要给出修改条件，否则对全部记录做相同的修改。

（1）为所有雇员都增加 20% 的工资：

```
update Employees set Salary=Salary*1.2
```

（2）为编号 1001 的雇员增发 500 元工资：

```
update Employees set Salary=Salary+500 where Number=1001
```

### 4. 查询数据

从一个数据表或多个数据表中检索某些数据。其常用格式为：

```
select columns
from tables
[where search-condition]
[order by sort-columns]
```

其中，select 子句和 from 子句是必需的，其他则是可选的。from 后面的 *tables* 指定要查询的数据表。下面逐一介绍每个子句。

（1）select 子句，指定要检索的列。

① 需要所有列，如：

**select \* from** Employees

② 指定部分列，如：

**select** Number,EmpName,Salary **from** Employees

查询结果如表 9-5 所示。

表 9-5　　　　　　　　　　　　　　　　查询结果（1）

| Number ▼ | EmpName ▼ | Salary ▼ |
|---|---|---|
| 1001 | 李娟 | ￥2,500.00 |
| 1023 | 张三 | ￥5,000.00 |
| 1068 | 钱一 | ￥4,000.00 |
| 1120 | 李四 | ￥4,000.00 |
| 1135 | 王五 | ￥3,000.00 |
| 1160 | 赵六 | ￥3,000.00 |

（2）from 子句，指定从哪些表检索数据。如果从两个表检索相关数据，如：

```
select Number, EmpName, Salary, DeptName as Department, Location
    from Employees inner join Departments on Employees.DeptID=Departments.DeptID
```

查询结果如表 9-6 所示。

表 9-6　　　　　　　　　　　　　　　　查询结果（2）

| Number ▼ | EmpName ▼ | Salary ▼ | Departmen ▼ | Location ▼ |
|---|---|---|---|---|
| 1001 | 李娟 | ￥2,500.00 | 人事部 | 三楼 |
| 1023 | 张三 | ￥5,000.00 | 开发部 | 二楼 |
| 1120 | 李四 | ￥4,000.00 | 开发部 | 二楼 |
| 1135 | 王五 | ￥3,000.00 | 开发部 | 二楼 |
| 1068 | 钱一 | ￥4,000.00 | 市场部 | 一楼 |
| 1160 | 赵六 | ￥3,000.00 | 市场部 | 一楼 |

（3）where 子句，用于设定条件，以限制要查询的记录。

```
select Number, EmpName, Salary, DeptName as Department, Location
    from Employees inner join Departments on Employees.DeptID=Departments.DeptID
    where Salary >= 4000
```

查询结果如表 9-7 所示。

表 9-7　　　　　　　　　　　　　　　　查询结果（3）

| Number ▼ | EmpName ▼ | Salary ▼ | Departmen ▼ | Location ▼ |
|---|---|---|---|---|
| 1023 | 张三 | ￥5,000.00 | 开发部 | 二楼 |
| 1068 | 钱一 | ￥4,000.00 | 市场部 | 一楼 |
| 1120 | 李四 | ￥4,000.00 | 开发部 | 二楼 |

构造条件的运算符（见表 9-8）有：

表 9-8　　　　　　　　　　　　　　　　构造条件的运算符

| 关系运算 | >、<、>=、<=、=、<> |
|---|---|
| 模式匹配 | like<br>（对于 SQL Server、Oracle 等，通配符：%、_）<br>（对于 Access，通配符：*、?） |
| 范围筛选 | between ... and |
| 列表筛选 | in (...) |
| 空值测试 | is null |
| 逻辑运算 | and、or、not |

例 9-1 查询所有姓李的员工。SQL 命令如下。

```
select * from Employees like '李*'
```

查询结果如表 9-9 所示：

表 9-9 查询结果（4）

| Number ▼ | EmpName ▼ | DeptID ▼ | Salary ▼ |
| --- | --- | --- | --- |
| 1001 | 李娟 | dp1 | ￥2,500.00 |
| 1120 | 李四 | dp2 | ￥4,000.00 |

（4）order by 子句，指定数据的排序方式：根据哪些列，升序还是降序。

**select * from** Employees **order by** Salary **desc**

此命令表示对查询结果按 Salary 列进行降序排序。

查询结果如表 9-10 所示：

表 9-10 查询结果（5）

| Number ▼ | EmpName ▼ | DeptID ▼ | Salary ▼ |
| --- | --- | --- | --- |
| 1023 | 张三 | dp2 | ￥5,000.00 |
| 1120 | 李四 | dp2 | ￥4,000.00 |
| 1068 | 钱一 | dp3 | ￥4,000.00 |
| 1160 | 赵六 | dp3 | ￥3,000.00 |
| 1135 | 王五 | dp2 | ￥3,000.00 |
| 1001 | 李娟 | dp1 | ￥2,500.00 |

# 9.2 利用 ADO 控件访问数据库

在数据库管理系统中，可以直接应用 SQL 命令访问数据库。但在 Visual Basic 程序中，是不能直接应用 SQL 命令的，因为 SQL 命令只能被数据库管理系统识别和支持。

## 9.2.1 提出问题，解决问题

在 Visual Basic 程序中，如何访问数据库中的数据呢？

在 Visual Basic 程序中，ADO 技术是访问数据库的最佳途径。Microsoft 既提供了 ADO 控件、也提供了没有界面的 ADO 对象用于创建数据库应用程序。那么 ADO 控件与 ADO 对象分别在什么情况下使用呢？事实上，如果要快速地构建不用编写代码的数据库应用程序，可以使用 ADO 控件。如果要追求灵活的控制效果、构建功能强大的数据库应用程序，则必须使用 ADO 对象。

我们的第一个目标是，把数据库中的数据表按照表格的形式显示在 Form 窗体中。完成这个任务不仅要使用 ADO 控件，还要使用 DataGrid 控件。ADO 控件是提供数据的数据源控件，而 DataGrid 控件是利用数据的绑定控件，它能使数据按表格的形式显示出来。

ADO 数据控件和 DataGrid 绑定控件并不是显示在 Visual Basic 工具箱里的内置控件，所以必须先将其添加到工具箱。从"工程"菜单里选择"组件…"，显示"组件对话框"；在这个对话框里选择 Microsoft ADO Data Control 6.0 选项，这时在这个选项的左边会出现一个小的选取标记；接着再选择 Microsoft DataGrid Control 6.0 选项；最后单击"确定"按钮关闭这个对话框。随即，

ADO 数据控件和 DataGrid 绑定控件即进入工具箱中并成为最后两个控件。

把数据表 Employees 中的数据按二维表的形式显示在 Form 窗体上。

显然，要在窗体中放置两个控件，一个是显示数据的 DataGrid 控件，另外一个就是向前者提供数据的 ADO 控件。

在窗体中布置 DataGrid 绑定控件和 ADO 数据控件，如图 9-1 所示。

图 9-1  ADO 控件与 DataGrid 控件在窗体中

## 9.2.2  ADO 控件

ADO 控件的主要作用就是从数据库中查询有关数据，并返回所查询到的数据（称为记录集）。可以认为，ADO 控件就是封装了记录集的数据源，它可为数据绑定控件（如 DataGrid 等）提供来自数据库的数据。

设置 ADO 数据控件，以其成为数据源。

ADO 数据控件有时也称为 Adodc 控件，因其英文为 ADO Data Control，其默认的控件名称也是 Adodc1。对于该控件主要设置以下属性。

（1）ConnectionString 属性，设置为提供数据库信息的连接字符串。

（2）RecordSource 属性，设置为 SQL 的 select 命令或存储过程名称。

ConnectionString 属性，如图 9-2 所示。该属性用于为 ADO 控件指定数据提供者（数据库类型）及数据库名称。

（1）设置该属性时会弹出属性页对话框，如图 9-3 所示。

图 9-2  ADO 控件 ConnectionString 属性

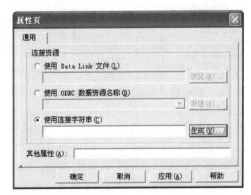

图 9-3  ConnectionString 属性页对话框

虽然可以使用 Data Link 文件或 ODBC 数据资源名称，但建议最好直接采用连接字符串。单击"生成"按钮弹出"数据链接属性"对话框（见图 9-4）。

（2）指定提供程序（提供者）。在"数据链接属性"对话框的"提供程序"选项卡中，选择

"Microsoft Jet 4.0 OLE DB Provider"。单击"下一步"进入"连接"选项卡。

（3）选择或输入数据库名称。在"连接"选项卡中（见图 9-5），通过浏览系统文件可定位并选择数据库文件，此例中为 E:\vb\Company.mdb。

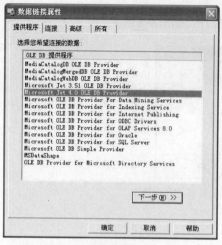 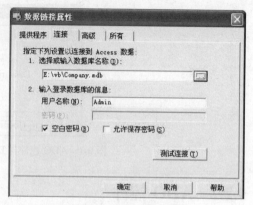

图 9-4　数据链接属性　　　　　　　　　　图 9-5　指定数据库名称

至此，通过指定数据提供者和数据库名称，就完成了对 ConnectionString 属性的设置。

RecordSource 属性，如图 9-6 所示。该属性用于指定查询命令。所谓查询命令，包括指定查询数据库的表名、SQL 命令或存储过程。

设置该属性时会弹出 RecordSource 属性页对话框，如图 9-7 所示。

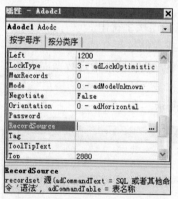 

图 9-6　ADO 控件 RecordSource 属性　　　-图 9-7　RecordSource 属性页对话框

（1）指定命令类型。当其命令文本为 SQL 语句时，选 1-adCmdText；当其命令文本为存储过程名称时，选 4-adCmdStoredProc。还可为其他选项（建议不用，因兼容性不好）。

（2）指定命令文本。在此设为 SQL 语句：select * from Employees

至此，ADO 控件的 RecordSource 属性设置完毕。现在的 ADO 控件已经成为了一个数据源，可以为相关的绑定控件提供 Employess 表中的数据了。

### 9.2.3　DataGrid 控件

DataGrid 控件能够以二维表（网格）的形式显示数据或编辑数据。当它与 ADO 控件绑定（关联）以后，就能够按行和列的形式显示来自数据库的数据。

把 DataGrid 控件绑定到数据源 ADO 控件。

对于 DataGrid 控件，主要设置 DataSource 属性。可将其设置为一个数据源对象，如 ADO 数据控件（见图 9-8）。

可单击下拉菜单选择本窗体中的某个数据源，此处只有唯一的选择：Adodc1，即 ADO 控件的名称。现在，可以运行程序，效果如图 9-9 所示。

图 9-8　DataGrid 控件 DataSource 属性　　　　　图 9-9　程序运行效果

在此程序中，我们并没有编写任何代码。但程序实现了从数据库查询数据并显示在网格中的完整功能。

## 9.2.4　ADO 控件的有关用法

ADO 数据控件还包含 4 个按钮，从左向右分别是：

◀ 使记录指针移到第一条记录；

◀ 使记录指针移到上一条记录；

▶ 使记录指针移到下一条记录；

▶ 使记录指针移到最后一条记录。

当用户在 DataGrid 控件中添加或修改记录后，移动记录指针将会使更新得以保存。

ADO 数据控件有一个 Caption 属性，可用于设定一个显示标题，如 ADO 控件的 Caption 被设置为"ADO 数据控件"。ADO 数据控件与访问数据库有关的属性如下。

● ConnectionString。这是连接字符串，它包含以名称-值对的形式提供的程序（代表数据库类型及其驱动程序）、服务器、缺省的数据库、用户名称以及密码等信息。

● UserName。用户的名称，在访问受保护的数据库时需要指定该属性。与 Provider（提供程序）属性类似，该属性可以在 ConnectionString 中设定。

● Password。登录口令，在访问受保护的数据库时需要指定该属性。该属性也可以在 ConnectionString 属性中设定。

● RecordSource。记录源这个属性可设定为 SQL 语句、存储过程名称或数据表的名称。

● CommandType。命令类型属性指明 RecordSource 属性究竟是 SQL 语句、数据表名称，还是一个存储过程等。

● CursorLocation。游标位置属性设定游标是位于客户端还是位于服务器上。

- CursorType。游标类型属性决定记录集是静态类型、动态类型，还是键集光标类型。
- LockType。锁类型属性决定当并发访问数据库时，如何避免并发冲突。
- BOFAction、EOFAction。这两个属性分别决定当记录指针被移到超过记录集的范围时的行为。可能的设置包括：保持 BOF 状态（移到首记录的前面）、EOF 状态（移到尾记录的后面）、回到首记录或尾记录、或添加一个新记录（当为 EOF 时）。

### 9.2.5　DataGrid 控件的有关用法

可以按照下面的方式操作 DataGrid 控件。

（1）使用 PageUp 键和 PageDown 键可在记录集中前后翻页。

（2）使用光标上下键可从一条记录移到另一条记录。使用窗口右边的垂直滚动条可上下翻看记录。

（3）使用光标左键与右键可从一个字段移到另一个字段。当然也可以用鼠标直接点选某个字段（单元格）。

（4）当鼠标定位在列名之间并出现伸缩竖线时，按住鼠标左键，拖动扩张竖线来扩大或减小列的宽度。

DataGrid 控件的以下属性值得关注。

（1）AllowAddNew：设为 True 时，当光标移到尾记录的后面时允许添加一条新记录。默认为 False。

（2）AllowDelete：设为 True 时，可按键盘上的 Del 或 Delete 键删除当前记录。默认为 False。

（3）AllowUpdate：如果将其为 True，则当移动记录指针时，对前条记录所做的数据修改将会被保存。如果将其设置为 False，可以防止用户修改单元格的内容。

（5）AllowArrows：设为 False 时，可阻止通过键盘上的光标键移动记录指针，同时阻止在单元格之间移动。默认为 True。

（6）DataSource：将其设置为某个数据源（ADO 数据控件或后面将要介绍的 Recordset 对象），即可按表格的形式显示数据源的数据。所有数据绑定控件都具有该属性，利用该属性就能把控件绑定到数据源。

# 9.3　利用 ADO 对象访问数据库

前面我们学习了 ADO 数据控件，用它可以实现对数据库的查询和更新。我们应该知道，ADO 数据控件只是对 ADO 某些对象的封装而已，实际上，控件本身还是在隐式地使用 ADO 对象。

### 9.3.1　提出问题，解决问题

当使用 ADO 数据控件访问数据库时，一般来说，对于每一个查询很可能都要一个单独的 ADO 数据控件；而且，当我们暂时不用其中的某个查询时，相应的控件却仍然在窗体上运行着。也就是说，ADO 控件的使用效率不高。

很多时候，我们需要更灵活地控制对数据库的访问，比如，所有查询及操作都可以共享一个数据库连接，而不需要为每个查询都建立一个数据库连接。当不需要某个查询时，相应的对象可以随时关闭并释放，不会始终占用系统资源。总之，我们需要 ADO 对象。

ADO 对象比 ADO 控件更灵活、更强大，在实际开发中，基本上都要使用 ADO 对象。当然，使用 ADO 对象，意味着编程人员需要编写更多的代码。

ADO 对象模型如图 9-10 所示。

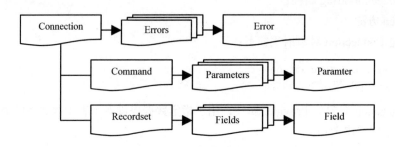

图 9-10　ADO 对象模型

基本的对象有 3 个，即 Connection 对象、Command 对象和 Recordset 对象。利用 ADO 访问数据库，大致有以下几个步骤。

（1）连接数据库。由 Connection 对象负责。

（2）访问操作数据库。由 Command 对象负责。

（3）对于查询操作，还会得到查询结果——记录集，由 Recordset 对象表示。

在使用 ADO 对象之前，需要在自己的工程中添加对 ADODB 对象库的引用，否则，无法使用任何 ADO 对象。方法是，展开菜单 "工程" → "引用"，在引用对话框中，找到并选择 "Microsoft ActiveX Data Objects 2.x Library"。注意，2.x 表示某个 ADODB 对象库的版本号，目前可以是为 2.1~2.8 之一。

如图 9-11 所示，选择了 "Microsoft ActiveX Data Objects 2.8 Library" 对象库。单击 "确定" 按钮即可。

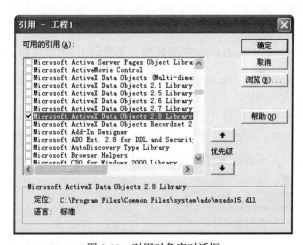

图 9-11　引用对象库对话框

## 9.3.2  连接到数据库

在 Visual Basic 程序中，使用 Connection 对象连接到数据库。而其他 ADO 对象都依赖于此对象。一般按以下方式进行：

创建 Connection 对象；

设置 Provider 属性（可置于 ConnectionString 中）；

设置 ConnectionString 属性；

调用 Open 方法。

（1）创建 Connection 对象语法如下：

```
Dim con As ADODB.Connection
Set con=new ADODB.Connection
```

（2）Connection 对象的 Provider 属性，用于指定数据提供者（表示数据库的类型及其驱动程序），可为以下字符串值：

- SQLOLEDB：针对 SQL Server 数据库；
- Microsoft.Jet.OLEDB.4.0：针对 Access 数据库；
- MSDAORA：针对 Oracle 数据库。

（3）Connection 对象的 ConnectionString（连接字符串）属性，用于以"特性名称=特性值"偶对的形式设置服务器、数据库以及用户名和密码等信息，中间用分号分隔。一般可包含以下特性。

- Data Source：对于远程数据库服务器，用于设定服务器名称；对于本地 Access 数据库，用于设定数据库文件名（.mdb）。
- Initial Catalog 或 Database：用于设置数据库服务器中的数据库名称。
- User ID：指定登录用户名。
- Password：指定登录密码。
- Integrated Security：设为 SSPI，表示采用集成验证方式。这样，可以避免在连接字符串中透露 User ID 和 Password 等敏感信息。
- Provider：设置数据提供者，取值同 Provider 属性。如果设置了 Provider 属性，就不用再设置此特性。

比如，要访问位于 D:\db\Goods.mdb 中的数据（无密码），可以这样连接：

```
con.Provider= "Microsoft.Jet.OLEDB.4.0"
con.ConnectionString="Data Source=D:\db\Goods.mdb"
```

也可以在 ConnectionString 中包含 Provider 信息，如：

```
con.ConnectionString="Provider=Microsoft.Jet.OLEDB.4.0;Data Source=D:\db\Goods.mdb"
```

又如，要访问本机 SQL Server 默认服务器实例上的 Northwind 数据库，采用 Windows 集成验证方式，就可以这样设置：

```
con.ConnectionString="Provider=SQLOLEDB;  Data  Source=(local);  Initial  Catalog=
Northwind; Integrated Security=SSPI"
```

（4）设置好 ConnectionString 属性后，意味着提供了必要的数据库连接信息，此时，就可以调用 Open 方法进行连接了。

```
con.Open
```

以下为完整的连接某数据库的代码，请读者自行分析理解：

```
Dim con As ADODB.Connection
Private Sub Form_Load()
    On Error GoTo Handle
    Set con = New ADODB.Connection
    con.ConnectionString = "Provider=SQLOLEDB; Data Source= (local); Initial Catalog=
Northwind; Integrated Security=SSPI"
    con.Open
    MsgBox "连接成功"
    Exit Sub
Handle:
    MsgBox "连接失败"
End Sub
```

当此连接不再需要时，可以调用 Close 方法将其关闭，然后释放。如下所示：

```
con.Close               '关闭
Set con=Nothing         '释放
```

Connection 对象常用属性列表（见表 9-11）。

表 9-11　　　　　　　　　　　　　　Connection 对象属性表

| 属性 | 含义说明 |
| --- | --- |
| Provider | 为数据提供者。默认为 MSDASQL—ODBC 数据源；SQLOLEDB— SQL Server 数据库；Microsoft.Jet.OLEDB.4.0—Access 数据库；MSDAORA—Oracle 数据库 |
| ConnectionString | 为建立到数据源的连接所提供的有关信息，包含若干由分号分隔的 argument = value 偶对信息 |
| State | 对象的状态。adStateClosed—对象是关闭的；adStateOpen—对象是打开的 |

Connection 对象常用方法列表（见表 9-12）。

表 9-12　　　　　　　　　　　　　　Connection 对象方法表

| 方法 | 功能描述 |
| --- | --- |
| Open | 打开（实施）到数据源的连接。可以带一个连接字符串参数；也可以不带任何参数 |
| BeginTrans | 启动新的事务 |
| CommitTrans | 提交当前事务 |
| RollbackTrans | 回滚当前事务 |
| Close | 关闭对象 |

说明：有关数据库操作的事务应尽量在数据库服务器上实现，那样更有效。

## 9.3.3　操作访问数据库

ADO 的 Command 对象表示对数据库的操作命令。通过 Command 对象，既可以进行数据库各种对象的定义，如建立数据表、建立各种约束等，也可以对数据库中的数据进行诸如添加、删除、修改及查询等操作。

访问数据库一般按以下方式进行：

创建 Command 对象（并指定所基于的连接）；

设置 CommandType 属性；

设置 CommandText 属性（如果需要并设置有关参数）；

调用 Execute 方法。

（1）创建 Command 对象（并指定所基于的连接）：

```
Dim com As ADODB.Command
Set com=new ADODB.Command
Set com.ActiveConnection=con        '基于已创建的 con 连接对象
```

（2）设置 CommandType 属性。

此属性指明 Command 对象是表示一个 SQL 命令、一个存储过程还是直接的数据表，应与 CommandText 属性的设置相一致。通常取以下常量值（见表 9-13）。

表 9-13                                  Command 对象常量值

| 常量 | 说明 |
| --- | --- |
| AdCmdText | 将为 CommandText 提供 SQL 命令文本 |
| AdCmdStoredProc | 将为 CommandText 提供存储过程名称 |
| AdCmdTable | 将为 CommandText 提供数据表的名称 |

（3）设置 CommandText 属性。

此属性是一字符串，可为 SQL 文本、存储过程名称或数据表名称。如果是查询的 SQL 文本，则 CommandType、CommandText 可设置如下：

```
com.CommandType=AdCmdText
com.CommandText="select * from Products"
```

如果要执行存储过程，则可设置如下：

```
com.CommandType=AdCmdStoredProc
com.CommandText=" SalesByCategory "              '设为存储过程名称
```

（4）调用 Execute 方法。

该方法具体执行在 Command 中所设置的数据库操作。对于添加、删除、修改之类的操作，可按如下方式调用：

```
com.Execute
```

对于查询类的访问，将会返回查询结果即记录集（Recordset），应按以下方式调用：

```
Dim rst As ADODB.Recordset
Set rst=com.Execute
```

例 9-2 通过 Form 窗体向 Northwind 数据库的 Categories 表中添加记录。

（1）设计窗体如图 9-12 所示。

图 9-12　向 Categories 表添加记录的窗体

其中，种类名称文本框命名为 CategoryText；种类描述文本框命名为 DescriptionText，其 Multiline 属性设为 True（为多行文本）；按钮命名为 AppendButton，其 Text 属性设为"添加"。

采用 SQL 命令向数据表 Categories 中添加记录，命令文本的格式如下：

```
insert into Categories(CategoryName,Description) values('水果','植物的果实')
```

要通过文本框来输入种类的名称和描述信息，所以，我们用 String 类型的变量 sql 来合成 SQL 命令，具体做法如下：

```
sql = "insert into Categories(CategoryName,Description) values('"
sql = sql & CategoryText.Text & "','"
sql = sql & DescriptionText.Text & "')"
```

执行程序的情形如图 9-13 所示。

点击"添加"按钮后，即可向数据表中插入一条新记录。如图 9-14 所示。

图 9-13　窗体运行效果图

图 9-14　添加新记录后的 Categories 表

以下是"添加"按钮的单击事件的完整处理代码：

```
Private Sub AppendButton_Click()
    Dim sql As String
    Dim com As ADODB.Command
    Set com = New ADODB.Command
    Set com.ActiveConnection = con
    com.CommandType = adCmdText          '指明命令为 SQL 文本
    sql = "insert into Categories(CategoryName,Description) values('"
    sql = sql & CategoryText.Text & "','"
    sql = sql & DescriptionText.Text & "')"
    com.CommandText = sql                 '合成好的 SQL 文本作为命令文本
    com.Execute                           '执行插入命令
```

```
End Sub
```

（2）参数化的 Command 对象。

从以上代码中可以看出，为了把用户在文本框中输入的数据传递到 SQL 命令中，我们进行了字符串连接运算，以便合成完整的 SQL 命令。显然，这种运算很不直观，容易发生错误（特别是遗漏标点符号的错误）；更为严重的问题是，某些黑客针对这种直接把用户输入连接到 SQL 命令中的弱点，可以利用 SQL 注入技术进行攻击，非法获取数据库中的信息，甚至对数据库进行人为的破坏。

为了避免 SQL 注入攻击，我们应该为 Command 对象生成所需要的参数对象。也就是说，把需要用户输入的数据，通过 Parameter（参数）对象传递到 Command 对象中。为 Command 对象创建参数的一般方式如下：

① 创建一个参数对象；

② 把该对象添加到 Command 对象的参数集合中；

③ 在适当的时候为该参数赋值。

首先，创建一个参数对象即 Parameter 对象。调用 Command 对象的 CreateParameter 方法，可创建一个 Parameter 对象。创建参数对象时，要指定参数的名称、数据类型、传递方向和大小（最大字节数），用法如下：

```
Dim pa As Parameter
Set pa=com.CreateParameter(Name,Type,Direction,Size)       //com 为 Command
```

数据类型不是 Visual Basic 的基本类型，而是与数据库中的类型相对应的类型常量。比如，如果要传递货币类型的数据，则 Type 应为 adCurrency。常用的类型见表 9-14。

表 9-14                                常用的类型常量

| 常量 | 说明 |
| --- | --- |
| adSmallInt | 2 字节带符号整型 |
| adInteger | 4 字节的带符号整型 |
| adSingle | 单精度浮点值 |
| adDouble | 双精度浮点值 |
| adCurrency | 货币值 |
| adDate | 日期值 |
| adGUID | 全局唯一标识符（GUID） |
| adChar | 字符串值 |
| adVarChar | 字符串值 |
| adVarWChar | 以空结尾的 Unicode 字符串 |

传递方向主要针对存储过程。如果参数用于向存储过程传递数据，则 Direction 应为 adParamInput。Direction 的取值见表 9-15。

表 9-15 Direction 取值

| 常量 | 说明 |
|---|---|
| adParamUnknown | 方向未知 |
| adParamInput | 向存储过程输入参数。默认值 |
| adParamOutput | 从存储过程输出参数 |
| adParamInputOutput | 既为输入又为输出的参数 |
| adParamReturnValue | 从存储过程返回的值 |

其次，要把参数对象添加到 Command 对象的参数集合中。即通过 Command 对象的集合 Parameters 的方法 Append 来添加所生成的 Parameter 对象，用法如下：

```
Dim pa As Parameter
Set pa=com.CreateParameter(…)
com.Parameters.Append pa
```

或者，把两步合二为一：

```
com.Parameters.Append com.CreateParameter(…)
```

最后，在需要的时候，为参数赋值。用法如下：

```
com.Parameters(Name).value=表达式
```

例 9-3 现在，让我们用参数化的 Command 来改写前一个例题。

```
Private Sub AppendButton_Click()
    Set com = New ADODB.Command
    Set com.ActiveConnection = con
    com.CommandType = adCmdText
    com.CommandText = "insert into Categories(CategoryName,Description) values(?, ?)"
    com.Parameters.Append com.CreateParameter("@cn", adVarWChar, adParamInput, 15)
    com.Parameters.Append com.CreateParameter("@ds",adLongVarWChar,adParamInput,30)

    com.Parameters("@cn") = CategoryText.Text
    com.Parameters("@ds") = DescriptionText.Text
    com.Execute
End Sub
```

注意：

● 在用参数化的 Command 对象时，对于 SQL 命令文本中每一个需要动态传入的数据，都应以问号替代之。然后再为每一个问号创建参数对象。

● 对于文本类型的数据，都应该指定参数的大小（以字节为单位）；而对于数值类型的数据，一般不用指定参数的大小。

● Command 对象的 Prepared 属性，可使提供者在首次执行 Command 对象时保存 CommandText 中已准备好（已编译）的命令。该属性会降低命令首次执行的速度，但在后继的命令执行中因为可使用已编译好的命令，所以提高了执行性能。

操作综合举例：

在一个窗体中，同时提供插入记录、修改记录和删除记录的功能。程序界面如图 9-15 所示，现把程序功能描述如下。

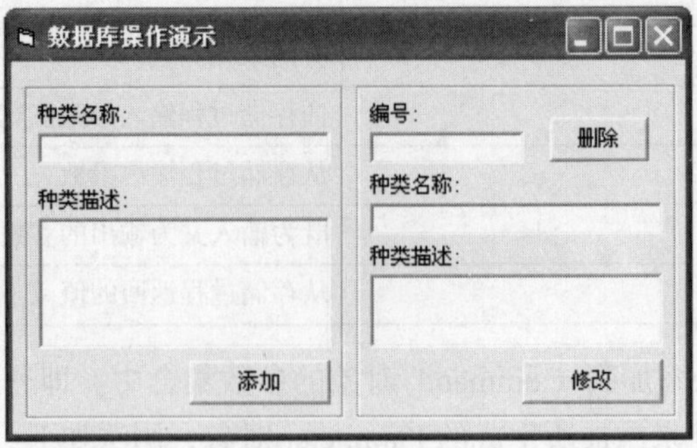

图 9-15　利用 Command 对象操作数据库

添加功能：如前所述，不再重复。

删除功能：用户在编号文本框中输入产品种类的编号后，单击删除按钮，即删除相应的产品种类记录。

修改功能：当用户在编号文本框中输入产品种类的编号后，将自动查询该记录的信息，全自动填充种类名称和种类描述；然后锁定编号文本框，只允许修改种类的名称和描述。单击修改按钮后，更新到数据库。

完整的代码如下：

```
Dim con As ADODB.Connection
Dim com As ADODB.Command
Dim rst As ADODB.Recordset

Private Sub AppendButton_Click()
    Set com = New ADODB.Command
    Set com.ActiveConnection = con
    com.CommandType = adCmdText
    com.CommandText = "insert into Categories(CategoryName,Description) values(?, ?)"
    com.Parameters.Append com.CreateParameter("cn", adVarWChar, adParamInput, 15)
    com.Parameters.Append com.CreateParameter("ds", adLongVarWChar, adParamInput,
160)
    com.Parameters("cn") = CategoryText.Text
    com.Parameters("ds") = DescriptionText.Text
    com.Execute
End Sub

Private Sub DeleteButton_Click()
    Set com = New ADODB.Command
    Set com.ActiveConnection = con
    com.CommandType = adCmdText
    com.CommandText = "delete from Categories where CategoryID=?"
    com.Parameters.Append com.CreateParameter("@cid", adInteger, adParamInput)
    com.Parameters("@cid") = IDText.Text
    com.Execute
    IDText.Text = ""
    TextCategory.Text = ""
    TextDescription.Text = ""
End Sub
```

```
Private Sub Form_Load()
    Set con = New ADODB.Connection
    con.ConnectionString = "Provider=SQLOLEDB; Data Source=(local); Database=
Northwind; Integrated Security=SSPI"
    con.Open
End Sub

Private Sub IDText_LostFocus()
    Set com = New ADODB.Command
    Set com.ActiveConnection = con
    com.CommandType = adCmdText
    com.CommandText = "select * from Categories where CategoryID=?"
    com.Parameters.Append com.CreateParameter("@cid", adInteger, adParamInput)
    com.Parameters("@cid") = IDText.Text
    Set rst = com.Execute()
    If Not rst.EOF Then
        TextCategory.Text = rst!CategoryName
        TextDescription.Text = rst!Description
        IDText.Locked = True
    End If
    rst.Close
End Sub

Private Sub ModifyButton_Click()
    Set com = New ADODB.Command
    Set com.ActiveConnection = con
    com.CommandType = adCmdText
    com.CommandText = "update Categories set CategoryName=?, Description=? where
CategoryID=?"
    com.Parameters.Append com.CreateParameter("@cn", adVarWChar, adParamInput, 15)
    com.Parameters.Append com.CreateParameter("@ds", adLongVarWChar, adParamInput,
16)
    com.Parameters.Append com.CreateParameter("@cd", adInteger, adParamInput)
    com.Parameters("@cn") = TextCategory.Text
    com.Parameters("@ds") = TextDescription.Text
    com.Parameters("@cd") = IDText.Text
    com.Execute
    IDText.Locked = False
End Sub
```

以上程序为了突出数据库操作的重点，对其他功能做了简化。

现对几个事件过程做个简单的说明：

● AppendButton_Click() 在单击添加按钮时调用，以完成插入新记录；

● DeleteButton_Click() 在单击删除按钮时调用，根据输入的编号删除相应的记录；

● IDText_LostFocus() 在输入完产品种类的编号后输入焦点离开时调用，查询并填充相应产品种类的名称和描述，然后禁止再修改编号；

● ModifyButton_Click() 在单击修改按钮时调用，它用现有文本框中的数据去更新数据库中相应记录的数据，然后恢复对编号的重新输入或修改。

## 9.3.4　利用查询结果

Recordset 对象表示的是执行查询命令的结果——记录的集合，并支持对其中的数据进行各种操作或处理。创建 Recordset 对象常用的方式有以下 3 种。

（1）通过 Command 对象执行查询命令，即可返回 Recordset 对象，示例如下：

```
Set com=new ADODB.Command
com.CommandText="select * from someTable"
Set rst=com.Execute()
```

这样得到的 Recordset 对象代表只读且仅向前的记录集，只能依序从第一条记录向最后一条记录逐条查看，不能反过来再看以前的记录；并且，不能通过 Recordset 对象去修改数据。

（2）通过 Connection 对象执行查询命令，也可返回 Recordset 对象，示例如下：

```
Set con=new ADODB.Connection
con.CursorLocation=adUseClient
Set rst=con.Execute("select * from someTable")
```

唯一的遗憾是，后来的 ADO.Net 规范了 Connection 对象的行为，即 Connection 对象只用来连接数据库，不再允许执行操作命令。当然，这不影响在 ADO 中的使用。

（3）直接创建 Recordset 对象，这样就能自主地控制游标，以获得更好的支持。比如，用这种方式查询 Northwind 数据库的 Categories 表中的数据，然后以表格的形式显示在窗体上：

```
Dim rst As ADODB.Recordset
Set rst=new ADODB.Recordset              '创建 Recordset 对象
rst.CursorLocation=adUseClient           '指定其游标位置
rst.Open "select * from Categories",con  '获取查询结果
Set DataGrid1.DataSource=rst             'DataGrid 控件绑定到 rst
```

执行结果如图 9-16 所示。

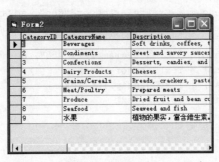

图 9-16　用 Recordset 显示 Categories 表

代码说明：

（1）主要代码已经添加了注释。

（2）如何设置 Recordset 对象的游标，如何调用 Open 方法获取数据源中的数据等内容，将在后面介绍。

（3）值得注意的是，通过代码来把 DataGrid 控件绑定到 Recordset 对象，如下所示：

```
Set DataGrid1.DataSource=rst
```

### 1. 直接创建并应用 Recordset 对象

直接创建并应用 Recordset 对象基本步骤如下。

① 创建 Recordset 对象；

② 设置其游标位置；

③ 设置其游标类型；

④ 设置其锁定类型；

⑤ 调用 Open 方法进行查询。

（1）创建 Recordset 对象：

```
Dim rst As ADODB.Recordset
Set rst=new ADODB.Recordset
```

（2）游标及其位置。

游标由查询的记录集及其记录指针所构成，它提供了从记录集中操纵某条记录的机制。在 Visual Basic 程序中，游标有两种位置，即服务器游标（默认）和客户端游标。Recordset 对象的 CursorLocation 属性用于设置游标的位置，例如：

```
rst.CursorLocation=adUseClient
```

游标位置常量列表如表 9-16 所示。

表 9-16　　　　　　　　　　　　游标位置常量表

| 常量 | 说明 |
| --- | --- |
| adUseServer | 由数据提供者或驱动程序提供的游标。这种游标很有效。但是，某些客户端功能无法由服务器端游标提供。默认值 |
| adUseClient | 在本地实现的客户端游标。本地游标通常允许使用许多功能，这对于启用那些功能是有好处的 |

（3）游标类型。

游标的类型决定了游标的功能，但是功能越强，所占用的资源也就越多，对程序的性能越有负面影响。这是一把"双刃剑"。通过 Recordset 对象的 CursorType 属性可设置游标类型，例如把 Recordset 对象的游标设为键集游标，如下所示：

```
rst.CursorType=adOpenKeyset
```

比如，如果 Recordset 对象要绑定到 DataGrid 等绑定控件，其游标类型就不能设为 adOpenForwardOnly。游标的各种类型及其功能列表如表 9-17 所示。

表 9-17　　　　　　　　　　　　游标的类型及其功能

| 常量 | 说明 |
| --- | --- |
| adOpenForwardOnly | 仅向前游标，默认值。只能向前获取记录。当只需在记录集中单向移动时，可用于提高性能 |
| adOpenKeyset | 键集游标。可以看见其他用户更改的数据，但其他用户添加的记录和删除的记录无法反映到记录集 |
| adOpenDynamic | 动态游标。功能最强。其他用户所作的添加、更改和删除都会反映到记录集 |
| adOpenStatic | 静态游标。获取数据的静态副本，其他用户所作的添加、更改或删除均不可知 |

（4）游标的锁定类型。

当存在多用户的并发操作时，可通过锁定类型来控制并发冲突。可通过 Recordset 对象的 LockType 属性设定游标的锁定类型。例如，一般情况下把游标设置为 adLockOptimistic 开放锁，可以获得较好的性能：

```
rst.LockType=adLockOptimistic
```

游标的各种锁定类型及其说明列表如表 9-18 所示。

表 9-18                                                 游标的锁定类型及其说明

| 常量 | 说明 |
| --- | --- |
| adLockReadOnly | 默认值。只读，无法更改数据 |
| adLockPessimistic | 保守式记录锁定（逐条）。通常在编辑时立即锁定数据源的记录 |
| adLockOptimistic | 开放式记录锁定（逐条）。只在调用 Update 方法时锁定记录 |
| adLockBatchOptimistic | 开放式批更新。调用 UpdateBatch 方法时锁定 |

（5）利用 Source 属性可以告诉 Recordset 对象如何产生数据，可将设置为 Command 对象、SQL 语句、表的名称或存储过程名称。

例如，要从 Categories 表中查询数据，就可以像下面一样设置该属性：

```
rst.Source="select * from Categories"
```

（6）进行了以上设置，就可以调用 Open 方法查询数据了。如下所示：

```
rst.Open
```

Open 方法的完整用法如下：

```
rst.Open Source, ActiveConnection, CursorType, LockType, Options
```

该方法的每一个参数都是可选的，因为可以设置它们相对应的属性（如前所述）。

● 第 1 个参数 Source，可为 Command 对象、SQL 语句、表名、存储过程名。建议使用 Command 对象，这样就不用设置后面参数 *Options*。如下所示：

```
rst.Open com 'com 为一个 Command 对象
```

● 第 2 个参数 ActiveConnection，用以指定所属的连接 Connection 对象。

● 第 3 个参数 CursorType、第 4 个参数 LockType 分别用于设置游标类型及锁定类型。

● 第 5 个参数 Options，用以指明参数 Source 的类别（adCmdText、adCmdTable、adCmdStoredProc 等），它类似于 Command 对象的 CommandType 属性。

例 9-4 建立键集游标、开放锁的 Recordset 对象，以获取 Northwind 数据库的 Categories 表中的数据。大致有以下几种解决方式。

其一：

```
Dim rst As ADODB.Recordset
Set rst=new ADODB.Recordset
rst.CursorType=adOpenKeyset
rst.LockType= adLockOptimistic
sql="select * from Categories"
rst.Open sql,con,,,adCmdText
```

其二：

```
Dim rst As ADODB.Recordset
```

```
Set rst=new ADODB.Recordset
sql="select * from Categories"
rst.Open sql,con,adOpenKeyset,adLockOptimistic,adCmdText
```

其三：

```
Dim com As ADODB.Command
Set com.ActiveConnection=con
com.CommandType= adCmdText
com.CommandText="select * from Categories"
Dim rst As ADODB.Recordset
Set rst=new ADODB.Recordset
rst.Open com,,adOpenKeyset,adLockOptimistic
```

当然，因为 Open 方法的 5 个参数是可选的，其组合形式可以有很多，所以，其解决方式也就有很多，这里就不一一列举了。

### 2. 调用 Recordset 对象的功能

Recordset 对象提供了很多的方法，包括：移动记录指针的方法、操作数据的方法等。

（1）Close 方法。

该方法用于关闭 Recordset 对象。当 Recordset 对象不再使用时，应该及时关闭它。

（2）移动记录指针的方法和相关属性。

包括 4 个移动方法，分别是：

- MoveFirst：移到第一条记录；
- MovePrevious：移到上一条记录；
- MoveNext：移到下一条记录；
- MoveLast：移到最后一条记录。

当移动记录指针时，需要随时判断指针的状态，有以下 2 个属性。

- BOF：为 True 时，表示指针在向前移动时，超过了第一条记录的位置。
- EOF：为 True 时，表示指针在向后移动时，超过了最后一条记录的位置。

例 9-5 现在，我们可以自己来实现 ADO 数据控件上 4 个按钮的功能。在窗体上放置 4 个按钮，单击某个按钮时，可以移动记录指针，如图 9-17 所示。

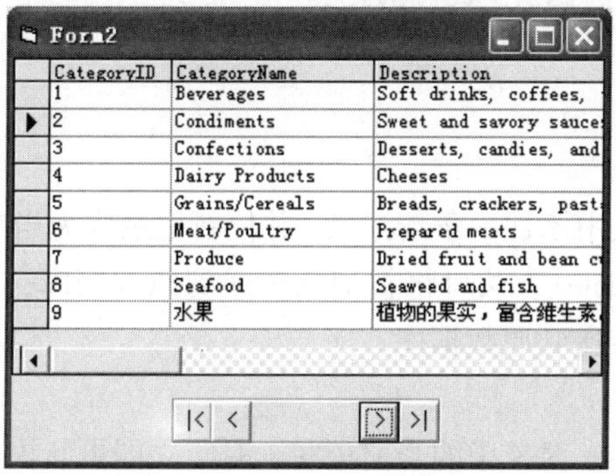

图 9-17　用按钮移动记录指针

分析：

- 如果 Recordset 对象中的记录数为 0，即没有查询到任何记录，则调用任何记录指针移动的方法都会报错，所以，若检测到 Recordset 对象为空则退出。

● 向前移动之前要检测是否指针状态为 BOF，若是，则不移动；向后移动之前要检测是否指针状态为 EOF，若是，则不移动。

完整代码如下：

```
Dim con As ADODB.Connection
Dim rst As ADODB.Recordset

Private Sub FirstButton_Click()
    If rst.EOF And rst.BOF Then Exit Sub
    rst.MoveFirst
End Sub

Private Sub Form_Load()
    Set con = New ADODB.Connection
    con.ConnectionString = "Provider=SQLOLEDB; Data Source=(local); Database=
Northwind; Integrated Security=SSPI"
    con.Open
    Set rst = New ADODB.Recordset
    rst.CursorLocation = adUseClient
    rst.Open "select * from Categories", con
    Set DataGrid1.DataSource = rst
End Sub

Private Sub LastButton_Click()
    If rst.EOF And rst.BOF Then Exit Sub
    rst.MoveLast
End Sub

Private Sub NextButton_Click()
    If rst.EOF And rst.BOF Then Exit Sub
    If Not rst.EOF Then rst.MoveNext
End Sub

Private Sub PrevButton_Click()
    If rst.EOF And rst.BOF Then Exit Sub
    If Not rst.BOF Then rst.MovePrevious
End Sub
```

（3）操作数据的方法。

● AddNew

该方法向 Recordset 对象中添加一条新记录，并使新记录成为当前记录。在立即更新模式（非批更新模式）下，调用 Update 方法可将新记录传递到原数据库；对于批更新模式，需要调用 UpdateBatch 方法将新记录传递到原数据库。

● Delete

该方法将会删除 Recordset 对象中的当前记录。对于立即更新模式，将在数据库中立即删除；否则将记录标记为删除，等调用 UpdateBatch 方法时进行实际删除。

● Update、UpdateBatch

这两个方法将把 Recordset 对象中已有变化的数据更新到数据库中。Update 方法用于立即更新模式，而 UpdateBatch 方法用于批更新模式。

- CancelUpdate、CancelBatch

CancelUpdate 方法会取消 Recordset 对象中对当前记录所做的修改；而 CancelBatch 方法会取消 Recordset 对象中所有记录上的修改。

- Find criteria, [SkipRows], [searchDirection], [start]

该方法从 Recordset 中搜索满足指定条件的记录。如果找到，则找到的记录成为当前记录，否则指针状态为 BOF 或 EOF（取决于搜索的方向）。

- criteria 表示查找条件，它是字段与值的比较表达式，比较运算符可以是 >、<、=或 like。
- SkipRows 是以 start 位置为基准的位移数（跳过的记录数），由此可得搜索的起点位置。
- searchDirection 用于指定搜索的方向。adSearchForward 表示从第一条记录向最后一条记录的方向；adSearchBackward 表示从最后一条记录向第一条记录的方向。
- *start* 指定用作搜索的基准位置。常用以下 3 个常量值之一。
- ➢ adBookmarkCurrent：当前位置（默认）；
- ➢ adBookmarkFirst：第一条记录；
- ➢ adBookmarkLast：最后一条记录。

例 9-6 使用 Recordset 对象查询 Northwind 数据库的 Categories 数据表；然后，由用户在窗体上输入数据，并通过 Recordset 对象在批更新模式下，实现添加新记录、修改指定的记录、删除指定的记录等功能。

窗体及其控件如图 9-18 所示。

图 9-18　利用 Recordset 对象的编辑数据能力

（1）添加新记录。

用户输入产品种类名称、种类描述信息后，单击"添加"按钮，即添加新记录。新添加的记录必须被批更新到数据库后，才能再次被修改。

（2）修改记录。

输入种类编号后，在 Recordset 对象中搜索该编号的记录，如果没有找到就直接退出；否则，把找到的记录中的信息分别填充到种类名称、种类描述文本框中，以待用户编辑，编辑后单击"修改"按钮，就用上述两文本框的数据修改当前记录的对应字段。

（3）删除记录。

输入种类编号后，单击"删除"按钮，即在 Recordset 对象中搜索该编号的记录，如果没有找到就直接退出；否则，对找到的记录（当前记录）进行删除。

无论是添加新记录，还是修改记录或删除记录，必须单击"批更新到数据库"的按
钮后，才能真正地保留到数据库中。

完整的程序代码如下：

```
Dim con As ADODB.Connection
Dim rst As ADODB.Recordset

Private Sub AppendButton_Click()
    rst.AddNew
    rst!CategoryName = CategoryText.Text
    rst!Description = DescriptionText.Text
    CategoryText.Text = ""
    DescriptionText.Text = ""
End Sub

Private Sub DeleteButton_Click()
    rst.Find "CategoryID=" & IDText.Text, 0, adSearchForward, adBookmarkFirst
    If rst.EOF Then Exit Sub
    rst.Delete
    IDText.Text = ""
End Sub

Private Sub Form_Load()
    Set con = New ADODB.Connection
    con.ConnectionString = "Provider=SQLOLEDB;Data Source=(local);" _
    & "Database=Northwind; Integrated Security=SSPI"
    con.Open
    Set rst = New ADODB.Recordset
    rst.CursorLocation = adUseClient
    rst.LockType = adLockBatchOptimistic
    rst.Open "select * from Categories", con
End Sub

Private Sub Form_Unload(Cancel As Integer)
    rst.Close
    con.Close
End Sub

Private Sub TextID_LostFocus()
    rst.Find "CategoryID=" & TextID.Text, 0, adSearchForward, adBookmarkFirst
    If rst.EOF Then Exit Sub
    TextCategory.Text = rst!CategoryName
    TextDescription.Text = rst!Description
    TextID.Locked = True
End Sub

Private Sub ModifyButton_Click()
    rst!CategoryName = TextCategory.Text
    rst!Description = TextDescription.Text
    TextID.Locked = False
    TextID.Text = ""
    TextCategory.Text = ""
    TextDescription.Text = ""
```

```
End Sub

Private Sub UpdateBatchButton_Click()
    rst.UpdateBatch
End Sub
```

总结：

添加、删除和修改后，会把相应的文本框清空，以表示操作成功。如果操作相应的文本框没有被清空，就表示操作不成功，基本上就是没有找到相应的记录。

# 9.4　小　　结

本章介绍了在 Visual Basic 程序访问数据库的技术，它就是微软所提供的最常用、最流行的 ADO 技术。

本章内容编排合理、科学，适合学生自学和教学。难易适中，由浅入深。先从 ADO 控件入手，学习可视化的 ADO 设计，既容易学会，又能提高学生的兴趣，并且，使学生在实际操作中学会了在数据库访问中经常要用到的数据源控件和绑定控件。在此基础上，进一步深入学习 ADO 对象的编程，使学生掌握了 ADO 中最主要的 3 个对象：Connection 对象、Command 对象和 Recordset 对象。其中，Connection 对象用于连接数据源；Command 对象用于操作数据源，即添加、删除和修改；Recordset 对象用于查询并承载数据记录，并可用于操作其中的记录。使用 ADO 对象可以更有效、更灵活地控制数据的访问，适合于开发大型应用软件。

# 习　　题

1．ADO 对象模型中包括哪些对象？每个对象的作用是什么？

2．描述如何连接到数据库？

3．描述 Command 对象的 CommandType 属性和 CommandText 属性的意义和作用。

4．描述如何使用参数化的 Command 对象。

5．调用 Command 对象的 Execute 方法执行查询，其返回的 Recordset 对象有什么特点？

6．解释 Recordset 对象 CursorLocation 属性的意义和用法。

7．解释 Recordset 对象 CursorType 属性的意义和用法。

8．解释 Recordset 对象 LockType 属性的意义和用法。

9．你认为 Recordset 对象的 Open 方法是如何使用的？

10．怎样在 Recordset 对象中查找某个或某些记录？

11．用 ADO 数据控件和 DataGrid 显示控件，创建一个课程表查询程序。输入一个班级，即可查出该班级的周课程表。

12．编制一个简易的学生信息管理系统，可以在窗体中录入学生信息、查询并显示学生信息，可以对学生信息进行删除、修改等操作。

# 本章实训

**【实训目的】**

① 能够使用 Visual Basic 建立一个简单的信息管理系统。

② 熟练掌握信息管理系统界面设计以及数据库的连接方法。

**【实训内容与步骤】**

编制一个基于 C/S 结构模式的学生信息管理系统。主要功能包括。

（1）录入基础信息：包括专业课程信息、班级信息、学生基本信息；

（2）录入成绩信息；

（3）查询各种基础信息：包括专业课程信息、班级信息、学生基本信息；

（4）查询学生成绩（单科成绩、总成绩）；

（5）按班级查询平均成绩；前三名的学生信息（学号、姓名、各科成绩与总成绩）。

要求如下：

（1）采用 MDI 界面，主窗体中提供菜单和工具栏；

（2）所有功能及子功能都在某个子窗体中实现；

（3）各种信息的数据表设计如表 9-19 所示。

表 9-19

**专业课程表 : 表**

| 字段名称 | 数据类型 |
|---|---|
| 课程编号 | 文本 |
| 课程名称 | 文本 |
| 教材名称 | 文本 |
| 课程学分 | 数字 |

**班级表 : 表**

| 字段名称 | 数据类型 |
|---|---|
| 班级编号 | 文本 |
| 班级名称 | 文本 |
| 班长学号 | 文本 |

**基本信息表 : 表**

| 字段名称 | 数据类型 |
|---|---|
| 学号 | 文本 |
| 班级编号 | 文本 |
| 姓名 | 文本 |
| 性别 | 文本 |
| 民族 | 文本 |
| 出生日期 | 日期/时间 |
| 联系电话 | 文本 |
| 像片文件 | 文本 |

**成绩表 : 表**

| 字段名称 | 数据类型 |
|---|---|
| 课程编号 | 文本 |
| 学生编号 | 文本 |
| 所得学分 | 数字 |

# 附录 A
# ASCII 码对照表

| ASCII 值 | 控制字符 | ASCII 值 | 控制字符 | ASCII 值 | 控制字符 | ASCII 值 | 控制字符 |
|---|---|---|---|---|---|---|---|
| 0 | NUT | 32 | (space) | 64 | @ | 96 | 、 |
| 1 | SOH | 33 | ! | 65 | A | 97 | a |
| 2 | STX | 34 | " | 66 | B | 98 | b |
| 3 | ETX | 35 | # | 67 | C | 99 | c |
| 4 | EOT | 36 | $ | 68 | D | 100 | d |
| 5 | ENQ | 37 | % | 69 | E | 101 | e |
| 6 | ACK | 38 | & | 70 | F | 102 | f |
| 7 | BEL | 39 | , | 71 | G | 103 | g |
| 8 | BS | 40 | ( | 72 | H | 104 | h |
| 9 | HT | 41 | ) | 73 | I | 105 | i |
| 10 | LF | 42 | * | 74 | J | 106 | j |
| 11 | VT | 43 | + | 75 | K | 107 | k |
| 12 | FF | 44 | , | 76 | L | 108 | l |
| 13 | CR | 45 | - | 77 | M | 109 | m |
| 14 | SO | 46 | . | 78 | N | 110 | n |
| 15 | SI | 47 | / | 79 | O | 111 | o |
| 16 | DLE | 48 | 0 | 80 | P | 112 | p |
| 17 | DCI | 49 | 1 | 81 | Q | 113 | q |
| 18 | DC2 | 50 | 2 | 82 | R | 114 | r |
| 19 | DC3 | 51 | 3 | 83 | X | 115 | s |
| 20 | DC4 | 52 | 4 | 84 | T | 116 | t |
| 21 | NAK | 53 | 5 | 85 | U | 117 | u |
| 22 | SYN | 54 | 6 | 86 | V | 118 | v |
| 23 | TB | 55 | 7 | 87 | W | 119 | w |
| 24 | CAN | 56 | 8 | 88 | X | 120 | x |
| 25 | EM | 57 | 9 | 89 | Y | 121 | y |
| 26 | SUB | 58 | : | 90 | Z | 122 | z |
| 27 | ESC | 59 | ; | 91 | [ | 123 | { |
| 28 | FS | 60 | < | 92 | / | 124 | \| |
| 29 | GS | 61 | = | 93 | ] | 125 | } |
| 30 | RS | 62 | > | 94 | ^ | 126 | ~ |
| 31 | US | 63 | ? | 95 | — | 127 | DEL |

# 附录 B
# MsgBox 函数 "对话框样式" 取值及含义

| 成员 | 值 | 说明 |
|---|---|---|
| OKOnly | 0 | 只显示 "确定" 按钮 |
| OKCancel | 1 | 显示 "确定" 和 "取消" 按钮 |
| AbortRetryIgnore | 2 | 显示 "中止"、"重试" 和 "忽略" 按钮 |
| YesNoCancel | 3 | 显示 "是"、"否" 和 "取消" 按钮 |
| YesNo | 4 | 显示 "是" 和 "否" 按钮 |
| RetryCancel | 5 | 显示 "重试" 和 "取消" 按钮 |
| Critical | 16 | 显示 "关键消息" 图标 |
| Question | 32 | 显示 "警告查询" 图标 |
| Exclamation | 48 | 显示 "警告消息" 图标 |
| Information | 64 | 显示 "信息消息" 图标 |
| DefaultButton1 | 0 | 第一个按钮是默认的 |
| DefaultButton2 | 256 | 第二个按钮是默认的 |
| DefaultButton3 | 512 | 第三个按钮是默认的 |
| ApplicationModal | 0 | 应用程序是有模式的。用户必须响应消息框，才能继续在当前应用程序中工作 |
| SystemModal | 4096 | 系统是有模式的。所有应用程序都被挂起，直到用户响应消息框 |
| MsgBoxSetForeground | 65536 | 指定消息框窗口为前景窗口 |
| MsgBoxRight | 524288 | 文本为右对齐 |
| MsgBoxRtlReading | 1048576 | 指定文本应为在希伯来语和阿拉伯语系统中从右到左显示 |

# 附录 C
# MsgBox 函数的返回值

| 常数 | 值 |
|---|---|
| OK | 1 |
| Cancel | 2 |
| Abort | 3 |
| Retry | 4 |
| Ignore | 5 |
| Yes | 6 |
| No | 7 |

[1]　罗朝盛. Visual Basic 6.0 程序设计教程（第 3 版）. 北京：人民邮电出版社，2009

[2]　刘红梅. Visual Basic 程序设计实训与习题. 北京：人民邮电出版社，2010

[3]　刘瑞新，汪远征. Visual Basic 程序设计教程上机指导及习题解答. 北京：机械工业出版社，2006

[4]　刘凡馨. Visual Basic 程序设计教程. 北京：清华大学出版社，2007

[5]　赵连胜，马国光. Visual Basic 程序设计. 北京：中国计划出版社，2007